CAILIAO LIXUE SHIYAN

材料力学实验

□主　编　马　骏
□主　审　许　羿

重庆大学出版社

内容简介

本书内容包括材料的力学性能实验、电测应力实验和选择性实验3个部分。材料的力学性能实验主要包括材料在拉伸与压缩、扭转时的力学性能测试等；电测应力实验主要包括应变电测技术基础、应变片的粘贴技术、梁的弯曲正应力、叠梁应力分析实验、材料的弹性常数测试综合性实验、弯曲与扭转组合变形实验、组合变形的内力素测定等；选择性实验主要包括冲击、压杆稳定、梁受交变荷载作用时的动应力、简支梁的固有频率与振型测定实验。

为适应实验技术的飞速发展和实验设备的大量更新，本书增加了微机控制电子万能试验机、微机控制扭转试验机、微机控制智能应变仪和微机控制振动测试分析系统等内容。删去了机械式万能试验机、双表引伸仪、手动平衡应变仪等落后设备。

本书可作为高等学校本科专业材料力学课程的配套教材，可供不单独开设实验课的学校使用，也可用于开放实验室，供独立开课的学校选用。

图书在版编目(CIP)数据

材料力学实验/马骏主编.—重庆：重庆大学出版社，2010.6(2021.1重印)
ISBN 978-7-5624-4965-2

Ⅰ.材…　Ⅱ.马…　Ⅲ.材料力学—实验—高等学校—教材　Ⅳ.TB301-33

中国版本图书馆CIP数据核字(2010)第181495号

材料力学实验
主编　马　骏
主审　许　羿
责任编辑：刘颖果　　版式设计：刘颖果
责任校对：邹　忌　　责任印制：赵　晟
*
重庆大学出版社出版发行
出版人：饶帮华
社址：重庆市沙坪坝区大学城西路21号
邮编：401331
电话：(023) 88617190　88617185(中小学)
传真：(023) 88617186　88617166
网址：http://www.cqup.com.cn
邮箱：fxk@cqup.com.cn (营销中心)
全国新华书店经销
重庆华林天美印务有限公司印刷
*
开本：787mm×1092mm　1/16　印张：6.25　字数：162千
2010年6月第1版　　2021年1月第13次印刷
印数：32 202—34 201
ISBN 978-7-5624-4965-2　定价：19.00元

前言

根据国家教委关于开展高等学校国家级实验教学示范中心建设的精神和要求，我们对近几年的实验教学改革进行了认真总结，结合多年从事材料力学实验教学的体会，并吸收其他院校实验教学改革的成果编写了这本教材。在编写过程中，力图体现下面一些原则：

1. 在编写指导思想上，坚持传授知识、培养能力、提高素质相协调，注重对学生探索精神、科学思维、实践能力、创新能力的培养。全书对于实验原理的阐述，着重于实验方案设计的理论依据和基本思路，使学生通过有限的实验项目能够举一反三、融会贯通，使他们将来在科学研究或工程实践中具备解决实际问题的基本能力。对于实验步骤的叙述则尽可能详尽、具体，具有可操作性，使学生只需教师稍加点拨，仅凭实验教材就能独立地完成实验，以适应学生在实验预习和开放实验中的需要，培养学生自主学习、研究性学习的能力。

2. 从人才培养体系整体出发，建立以能力培养为主线，分层次、多模块，相互衔接的科学系统的实验教学体系，从根本上改变实验教学依附于理论教学的传统观念，使之与理论教学既有机结合又相对独立。在实验层次上将实验分为材料的力学性能实验、电测应力实验和选修实验3类，便于因材施教。在实验内容上涵盖了机测力学、电测力学及动力学等部分内容，使学生初步掌握基本的实验理论和方法。

本教材共安排了17项实验，其中材料的力学性能实验、电测应力实验共13项，选修实验4项，并在实验项目的邻近章节中对相应仪器设备的构造原理、性能及操作方法作了详尽介绍，以方便学生学习。

全书由许羿副教授主审，刘筑嘉老师提出了许多宝贵意见，谨致谢意。同时，本书还参阅了大量参考文献，在此表示衷心的感谢！

由于编者水平所限，书中欠妥之处在所难免，敬请读者批评指正。

编　者

2009年12月

前言

目　录

1 绪　论

1.1 材料力学实验的内容

材料力学实验是材料力学的重要支柱之一。材料力学从理论上研究工程结构构件的应力分析和计算,并对构件的强度、刚度和稳定性进行设计或校核其可靠性。材料力学实验则从实验角度为材料力学理论和应用提供实验支持;当理论分析、计算遇到困难时,借助材料力学实验技术和方法,可直接进行结构构件的应力分析;在工程结构投入运行期间,材料力学实验的分析技术更是结构安全性评价的可靠手段之一。因此,材料力学实验能力与理论分析、计算能力的培养,具有同等重要的地位。

材料力学实验由下列 3 部分内容组成:

1)材料的力学性能测定

材料的力学性能是指在一定温度条件和外力作用下,材料在变形、强度等方面表现出的一些特性,如弹性极限、屈服极限、强度极限、弹性模量、疲劳极限、冲击韧性等。这些指标或参数都是构件强度、刚度和稳定性计算的依据,而它们一般要通过实验来测定。此外,材料的力学性能测定又是检验材质、评定材料热处理工艺、焊接工艺的重要手段。随着材料科学的发展,各种新型合金材料、合成材料不断涌现,力学性能的测定是研究每一种新型材料的重要手段之一。

2)验证已建立的理论

材料力学的一些理论是以某些假设为基础的,例如杆件的弯曲理论就以平面假设为基础。用实验验证这些理论的正确性和适用范围,有助于加深对理论的认识和理解。对新建立的理论和公式,用实验来验证更是必不可少的。实验是验证、修正和发展理论的必要手段。

3)应力分析实验

某些情况下,例如因构件几何形状不规则、受力复杂或精确的边界条件难以确定等,应力分析计算难于获得准确结果。这时,用诸如电测、光弹性等应力分析实验直接测定构件的应力,便成为有效的方法。对经过较大简化后得出的理论计算或数值计算,其结果的可靠性更有赖于应力分析实验的验证。

1.2 材料力学实验的要求

为使学习者通过实验掌握实验原理和方法,初步学会实验仪器、设备的使用方法,对实验结果的整理、实验数据的处理和实验报告的书写等方面得到训练,实验时应注意如下事项:

1)做好实验前的准备工作

①实验前认真做好预习,阅读实验指导书,复习有关的理论知识,明确实验的目的、原理和实验步骤等。

②对实验中使用的仪器、设备和实验装置等,要初步了解其工作原理、使用方法和操作注意事项。

③对于需由小组完成的实验,课前应编好实验小组,小组成员须分工明确,相互配合,协调操作,共同完成实验。

④了解实验所需记录的数据项目及数据处理的原理和方法,设计好数据记录表格。

2)严格遵守实验室的规章制度

①按课程安排准时进入实验室。对于开放实验应按预约时间进入实验室。第一次上实

验课时应认真学习实验室的规章制度，并认真遵守执行。

②进入实验室后，要注意保持实验室的整洁、安静。未经允许，不得随意动用实验室内的仪器、设备。实验中仪器、设备发生故障时，应及时报告，不得擅自处理，更不准隐匿不报。

③认真接受教师对实验预习情况的抽查、提问，仔细聆听教师对实验课程内容的讲解。

④操作仪器、设备之前，应注意检查仪器、设备是否处于完好状态。实验过程中，严格按仪器、设备的操作规程进行操作，认真观察实验现象，记录好实验数据，要随时分析、判断实验数据的正确性，保障实验过程的顺利进行。

⑤实验结束前，应将全部数据交教师审阅，经教师同意后结束实验。

⑥实验结束后，应将所用仪器、设备擦拭干净，恢复至初始正常状态。

3)实验报告

实验报告是反映实验工作及实验结果的书面综合资料。通过实验报告的书写，能培养学生综合表达科学工作成果的文字能力，是全面训练的重要组成部分，必须认真完成。写实验报告要做到字迹工整、图表清晰、结论简明。一份完整的实验报告，应由以下内容组成：

①实验名称和实验日期。

②实验目的和要求、实验原理、实验装置，通常要画出装置简图。

③实验仪器、设备的名称、型号及精度。

④实验数据记录，实验数据处理(注意采用适当的处理方法和保留正确的有效位数)。

⑤实验结果通常可用表格或曲线来表示。实验结论应简单、明确，符合科学习惯，要与实验目的、要求相呼应。

⑥实验结果的分析与结论。

2 材料的力学性能实验

2.1 万能材料试验机

在材料力学实验中，最常用的设备是万能材料试验机。它可以做拉伸、压缩、剪切、弯曲等试验，故习惯上称它为万能材料试验机。供静力实验用的万能材料试验机有液压式、机械式、微机控制电子万能材料试验机等类型。这里仅对常用的液压式万能试验机、较先进的微机控制电子万能材料试验机进行介绍。

2.1.1 液压式万能材料试验机

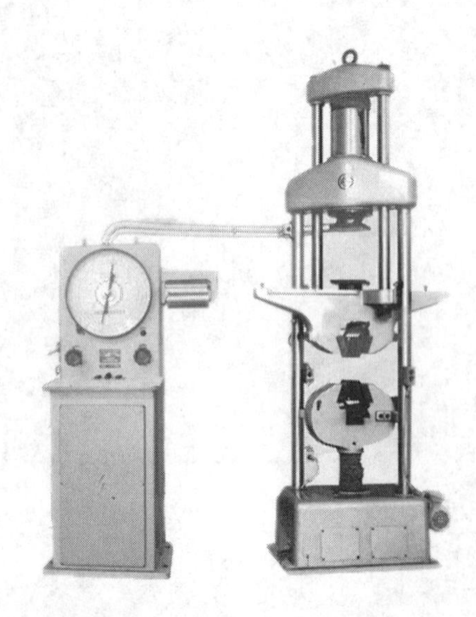

图 2.1 液压式万能材料试验机外形图

下面以 WE-300 kN 液压摆式万能材料试验机为例，介绍万能材料试验机的构造、工作原理及操作规程。

WE-300 kN 型液压摆式万能材料试验机的外形如图 2.1 所示，图 2.2 为它的构造原理示意图。

1)加力部分

在试验机的底座 1 上，装有两根固定立柱 2，立柱支撑着固定横梁 3 及工作油缸 4，当开动油泵电动机后，电动机带动油泵 16，将油箱 37 里的油，经送油阀 17 送至工作油缸 4，推动其工作活塞 5，使上横梁 6、活动立柱 7 和活动平台 8 向上移动。如将拉伸试样装于上夹头 9 和下夹头 12 内，当活动平台向上移动时，因下夹头不动，而上夹头随着平台向上移动，则试样受到拉伸；如将试样装于平台的承压垫板 11 之间，平台上升时，则试样受到压缩。

做拉伸实验时，为了适应不同长度的试样，可开动下夹头的电动机 14 使之带动蜗轮、蜗杆 15，再带动螺杆 13，可控制下夹头上、下移动，调整适当的拉伸空间。

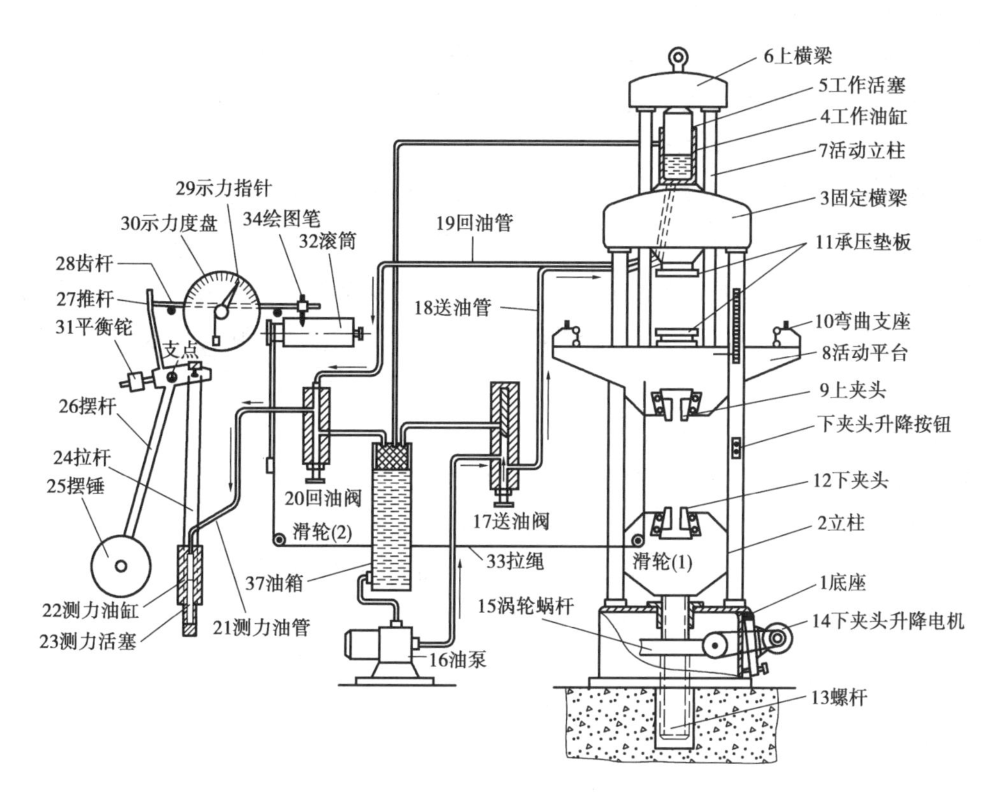

图 2.2 液压式万能材料试验机原理图

2)测力部分

装在试验机上的试样受力后，工作油缸 4 内的液压油就具有一定的压力，压力的大小与试样所受荷载的大小成比例。而测力油管 21 将工作油缸 4 与测力油缸 22 联通，测力油缸的压强与工作油缸的压强相等。此油压推动测力活塞 23，带动测力拉杆 24，使摆杆 26 和摆锤 25 绕支点转动。试样受力愈大，摆的转角愈大。摆杆转动时，上面的推杆 27 便推动水平齿杆 28，从而使齿轮带动示力指针 29 旋转，这样便可从示力度盘 30 上读出试样受力的大小。摆锤的重量可以调换，一般试验机可以更换 3 种锤重，故测力度盘上也相应有 3 种刻度，这 3 种刻度对应着试验机 3 种不同的量程。

3)操作规程

①加载前,示力指针应指在度盘的“零”点,否则必须加以调整。调整时,先开动油泵,将活动平台升起 3～5 mm,然后稍微旋动摆杆上的平衡铊 31,使摆杆保持铅垂位置,再转动水平齿杆使指针对准“零”点。先升起活动平台再调整零点的原因是:上横梁 6、活动立柱 7 和活动平台 8 等有相当大的质量,要有一定的油压才能将它升起。但是这部分油压并未用来给试样加载,不应反映到试样荷载的读数中去。

②选择量程,装上相应的锤重。再一次按①的方法,校准“零”点。调好回油缓冲器的旋钮,使之与所选量程相同。

③安装试样。压缩试样必须放置垫板。拉伸试样则须调整下夹头位置,使拉伸区间与试样长短相适应。注意:试样夹紧后,绝对不允许再调整下夹头,否则会烧毁下夹头升降电动机。

④调整好自动绘图仪的传动装置和笔、纸等。

⑤检查送油、回油阀,一定要注意它们均应在关闭位置。

⑥开动油泵电动机,缓缓打开送油阀,用慢速均匀加载。

⑦实验完毕,立即停机取下试样。这时关闭送油阀,缓慢打开回油阀,使液压油泄回油箱,于是活动平台回到原始位置。最后将一切机构复原,并清理机器。

4)注意事项

①开机前和停机后,送油阀、回油阀一定要在关闭位置。加载、卸载均应缓慢进行。加载时要求示力指针匀速平稳地走动,应严防送油阀开得过大,致使试样受到冲击作用。

②拉伸试样夹住后,不得再调整下夹头的位置,以免烧坏下夹头升降电动机。

③机器运转时,操纵者必须集中注意力,中途不得离开,确保实验过程的安全。

④实验时,不得触动摆锤,否则会影响试验读数。

⑤在使用机器的过程中,如果听到异响或发生任何故障应立即停机(切断电源)。

2.1.2 微机控制电子万能材料试验机

电子万能材料试验机是现代电子测量、控制技术与精密机械传动相结合的新型试验机。它对荷载、变形、位移的测量和控制有较高的精度和灵敏度。与计算机联机还可实现试验进程模式控制、检测和数据处理自动化,并有低周荷载循环、变形循环、位移循环的功能。

国产电子万能材料试验机以 WDW 系列为代表,不同厂家生产的主机结构、信号转换元件配置、传动系统、检测控制原理基本相同，唯软件功能和操作系统有一些差异。下面介绍WDW-200D型电子万能试验机，其软件基于Windows操作平台设计，用户界面呈现与Windows风格一致的中文窗口系统，掌握和使用都比较方便。

1)加载控制系统

图2.3是WDW-200D的外形图，图2.4是其主机结构、检测、控制系统原理示意图。在加载系统中，由上横梁、4根导向立柱和工作平台组成门式框架，活动横梁把门式框架分成拉、压(或弯)两个试验空间，拉伸夹具安装在活动横梁与上横梁之间，压缩和弯曲辅具则安装在活动横梁与工作平台之间。活动横梁由滚珠丝杠副驱动。根据实验要求，控制系统得到控制信号，经调速系统放大后驱动伺服电机转动，经过传动带、齿轮等减速机构后驱动左、右滚珠丝杠转动，由活动横梁内与之啮合的螺母带动活动横梁做上升或下降运动，从而实现对试样的加载。

图2.3　微机控制电子万能试验机外形图

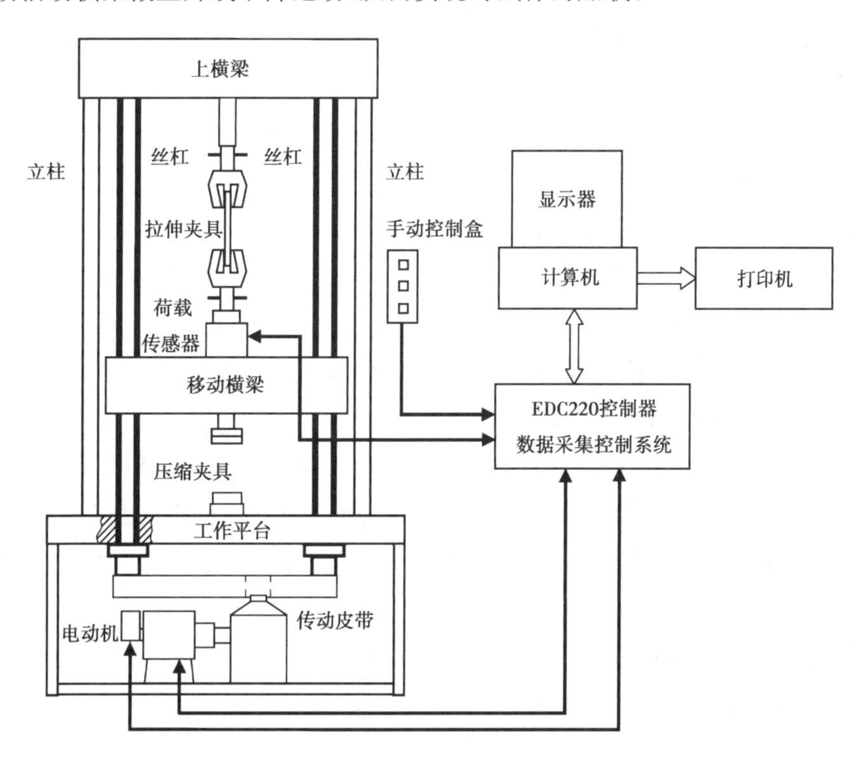

图2.4　电子万能试验机的结构及工作原理

2)测量与显示系统

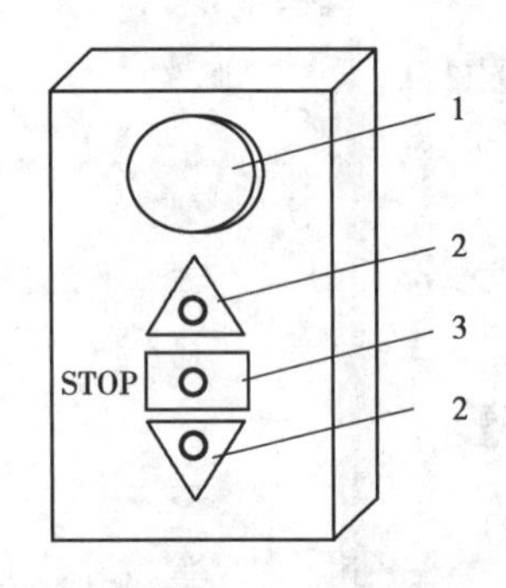

图 2.5　手动控制盒操作键盘

1—无级调速电位器；
2—横梁上下移动按键；
3—横梁停止按键

测量系统包括荷载测量、试样变形测量和活动横梁的位移测量 3 部分。试样受力变形时，通过荷载传感器、应变式引伸仪分别把机械量转换为电信号，横梁的位移通过随滚珠丝杠转动的光电编码器输出脉冲信号，三路信号经 DOLI 控制器放大、A/D 转换和标度变换处理后，直接在显示屏上以数字量显示试验力、试样变形和横梁位移，并自动绘出力—变形或力—位移曲线。操作者可以直接通过计算机控制活动横梁的移动方向和移动速率，也可以通过手动控制盒控制，按下横梁上升或下降按钮使活动横梁上下移动，调节无级调速电位器可调节活动横梁的移动速度，当顺时针旋转旋钮时，横梁移动速度加快；逆时针旋转旋钮时，横梁移动速度减慢，速率值在计算机上实时显示，按“STOP”键横梁停止移动。图 2.5 所示为主机上手动控制盒操作键盘简图。

3)常规静载试验操作规程

各种类型的国产电子万能材料试验机操作程序基本相同。现以 WDW-200D 电子万能材料试验机为例，介绍其操作规程如下：

①根据试样的形状、尺寸及试验目的，更换合适的夹具。

②开启计算机，点击“EDC_soft”图标，即可启动试验程序。进入试验机软件系统后，点击“试验”，即可进入试验操作界面，如图 2.6 所示。

界面上边第一栏、第二栏分别为菜单栏和工具栏，功能包括试验方案设定、试验参数设定、试验机标定、线性修正和数据处理。

第三栏为传感器显示窗口，提供荷载、位移、引伸仪的数值显示、清零和单位变换。

右边为速度控制窗口，在此可以控制活动横梁的上下移动以及切换手动控制。

左边为试验窗口，实时做出 X—Y 曲线图，曲线图可根据需要选择应力—应变曲线或荷载—变形曲线图。

③进入试验操作界面后，如果没有任何错误提示，且工具栏左上角“联机”键是按下的，表明联机正常可以开始试验；如果工具栏左上角“联机”键是浮起的，则表明联机失败，需要重新点击“联机”键。

④联机成功后，首先点击右下角“启动”键，启动试验机。试验机启动后，手动控制盒上

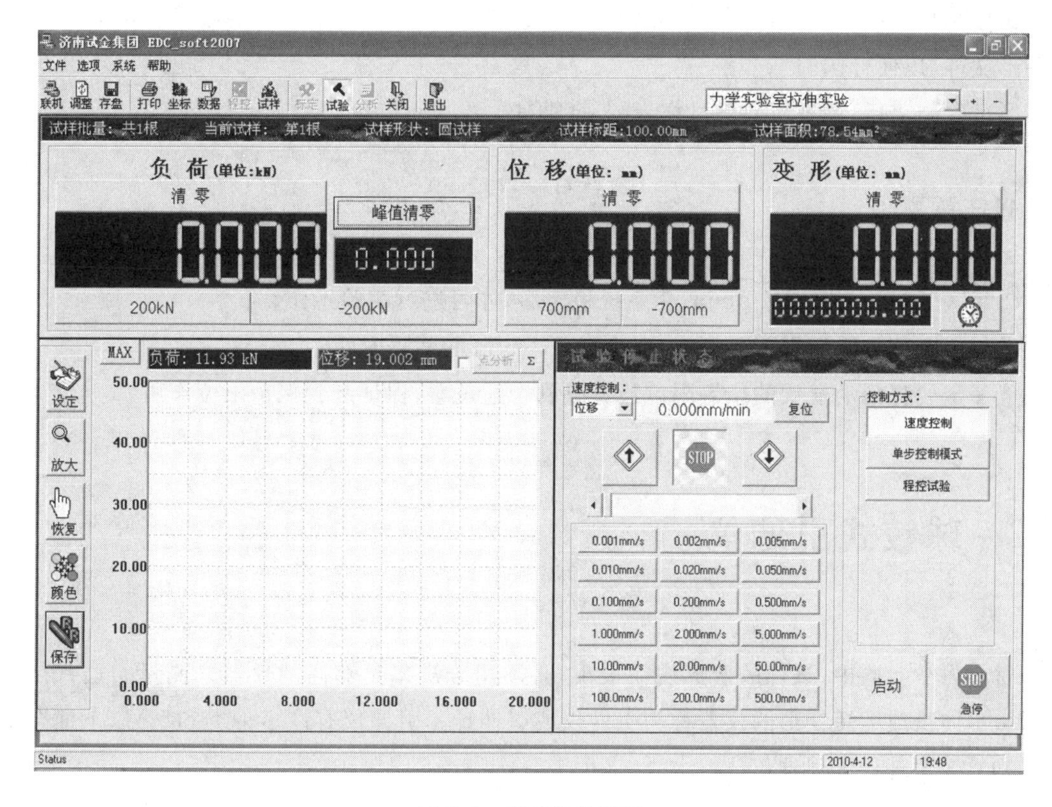

图 2.6 测试软件界面

“on”键灯应该一直保持亮状态，如果“on”键灯闪烁表明系统正在检测硬件，此时不能做试验，等待“on”键灯停止闪烁后方可做试验。

⑤先将试样的一端安装在上夹头上，再通过手动控制盒上的上升按钮，调节下夹头到合适位置安装试样，试样头部一定要对准下夹头中间的孔，控制横梁缓慢上升，试样头部进入夹具中部即可停机，依靠转动夹具上的手柄夹紧试样。做压缩试验时，只要把试样置于上、下压头之间即可。

⑥在界面的右上角选择“拉伸试验方案”。

⑦每次试验前点击“负荷”、“峰值”、“位移”、“变形”等清零键，将表内数字全部清零。

⑧在试验界面右下方的控制模板选择试验控制方式，如位移控制、单步控制(手动控制)、程序控制等，先选择加载速率，最后点击“⬇”的加载按钮进行试验。

⑨试件拉断后，一定要将数据存盘，然后按图形窗口左上角的“MAX”按钮，显示全屏幕分析界面。点击“放大”按钮，按住鼠标左键，可以框选曲线的某一部分放大；按住鼠标右键，可以移动曲线；点击“恢复”按钮，可以恢复原来的曲线。在“点分析”旁边的“小框内打勾”并按下“点分析”键，屏幕上出现“十字光标”，用光标找到曲线上的特征点，双击将弹出该点的荷载和位移值，将显示的荷载值输入上边的输入框内，点击“确定”按钮，在曲线上标出该点标记和荷载值。

⑩按“保存”按钮，弹出保存文件的对话框，选择保存文件的路径，将曲线保存为后缀 bmp 的图形文件，以便打印。

⑪试验结束后，请及时取下试样，并打印曲线。

4)注意事项

①每次开机后要预热 10 min，待系统稳定后，才可进行实验工作。

②如果刚刚关机后需要再开机，至少保证 1 min 的间隔时间。

③一定要把活动横梁的位置限位器调整到合适位置，保证起到保护限位作用。

2.2 球铰式引伸仪

材料力学实验中，试件的变形往往很小，必须用分辨率足够高的仪器来测量。通常用来测量微小伸长或缩短变形的仪器称为引伸仪或引伸计。引伸仪有许多种类和型号，下面介绍的是 QY-3 型球铰式引伸仪。

1)构造原理

QY-3 型球铰式引伸仪是一种机械式引伸仪，其外形如图 2.7 所示。图 2.8 是引伸仪的传动系统示意图。

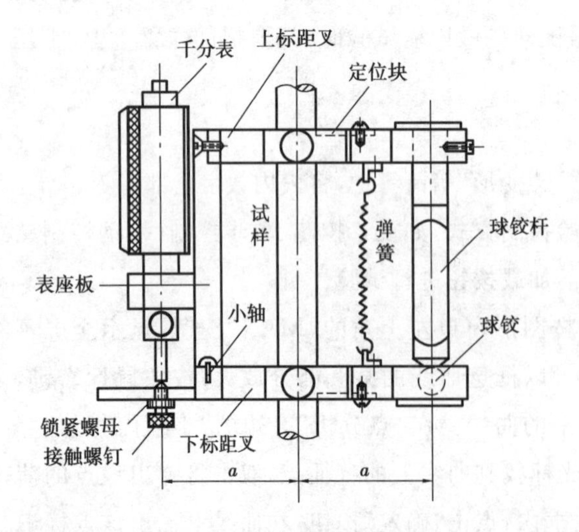

图 2.7 球铰式引伸仪外形图

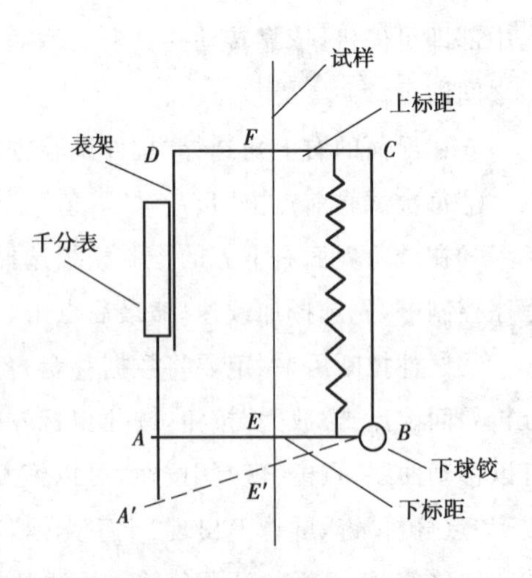

图 2.8 传动系统示意图

引伸仪分为两部分：一是千分表，它通过齿轮机构，使测杆的移动变为指针转动，靠齿轮传动比达到位移放大效果，千分表大指针走一格表示测杆位移 0.001 mm，小指针走一格表示大指针走一圈。二是变形传递架，由图 2.8 可知，上下顶尖的距离 EF 即为引伸仪的标距 L。使用时，将试样从上、下标距叉的缺口中放入，并拧紧上、下顶尖螺钉，使上、下顶尖嵌入试样。这样，当试样伸长后，引伸仪上、下顶尖之间的距离也将随之改变，下标距叉将绕下球铰 B 发生偏转。由于上标距叉与表架为刚性联结，试样发生变形时，只有下标距叉发生了偏转。设试样标距的总伸长 $\Delta L=EE'$，由于引伸仪设计时已使 $AE=BE=DF=CF$，所以

$$\frac{AA'}{EE'}=\frac{AB}{BE}=2$$

因此，由千分表顶杆测得的上、下标距叉的相对位移 AA'，实际上就是试样在标距范围内的变形 ΔL 的 2 倍，所以，千分表大针每走一格，表示测杆移动 $\frac{1}{1\ 000}$ mm，而试件的变形为 $\frac{1}{2\ 000}$ mm。

2)装夹步骤及要求

①根据试样尺寸调整定位块和顶尖，用标距定位插销限制上、下标距块相对错动，把引伸仪套在试样上，使定位块与试样靠紧，旋紧活动顶尖，使顶尖嵌入试样为 0.05～0.1 mm。

②调整接触螺钉，使千分表的量程指针指在量程的 1/2 左右，用锁紧螺母锁紧接触螺钉，试验时一定要拔出标距定位插销。把千分表大指针调整到零位，方可进行试验。

③引伸仪对试件应左右对称。

④下标距叉应保持水平，以保证千分表测杆与下标距叉相垂直。

⑤正式试验前试加一次初荷载，整个仪器应无松动，千分表指针应转动正常。

3)注意事项

①测头固定件上的测头最高点与下标距顶尖螺钉的顶尖要基本在一直线上，以减少测试误差；正式试验时一定要拔出标距定位插销。

②安装时顶尖螺钉应与试样断面直径重合，以保证所测得的变形是纯轴线伸长。

③请勿随意调整不允许转动的结构固定螺钉，以免影响测试精度。

2.3 应变式力传感器

1)应变式力传感器的特点

电阻应变片除直接用来测量物体表面的应变之外,还广泛用作敏感元件制成各种传感器用于测量各种力学量,如力、位移、力矩等。这类传感器称为应变式力学量传感器。

应变式力学量传感器通常由 3 部分构成:弹性元件、应变片和外壳。弹性元件在感受被测物理量时,产生与之成正比的应变;应变片则将上述应变转换为电阻变化,由二次仪表将电阻的变化进行测量和显示;外壳的作用是保护弹性元件与应变片,使之正常工作,同时兼有便于安装、使用的功能。应变式传感器与其他类型传感器相比具有如下特点:

①测量范围广、精度高。如应变式力传感器的测量范围为 $10^{-2}\sim10^{7}$ N,测量精度不低于 0.05%FS(FS 表示满量程)。

②频响特性好。通常电阻应变片响应时间约为 10^{-7} s。若能合理地设计弹性元件的尺寸和形状,则由它们构成的应变式力学量传感器可测几十甚至上百赫兹的动态力学量的变化过程。

③性能稳定可靠,使用寿命长,对工作环境要求低。可设计制造高(低)温、高速、高压、强烈振动、强磁场及核辐射和化学腐蚀等恶劣环境中正常工作的特殊传感器。

④易于实现小型化、整体化,随着大规模集成电路器件的发展,易于实现智能化。

弹性元件是应变式传感器的关键元件,通常由中碳铬镍钼钢、中碳铬锰硅钢和弹簧钢等合金结构钢制成。弹性元件质量直接影响传感器的性能及精度,通常要求弹性元件具有如下优良特性:

①较高的强度,以使其具有足够的安全性能和抗超载能力。

②温度效应小(弹性模量温度系数小、线膨胀系数小、稳定)。

③良好的重复性和稳定性。

2)柱式力传感器

柱式力传感器的弹性元件可制成实心柱体或空心圆筒。图 2.9(a)和图 2.9(b)是两种不同形式弹性元件的柱式力传感器的结构示意图。

图 2.9(a)所示结构常用做压力传感器。图 2.9(b)所示结构两端多为螺纹联接,既可以

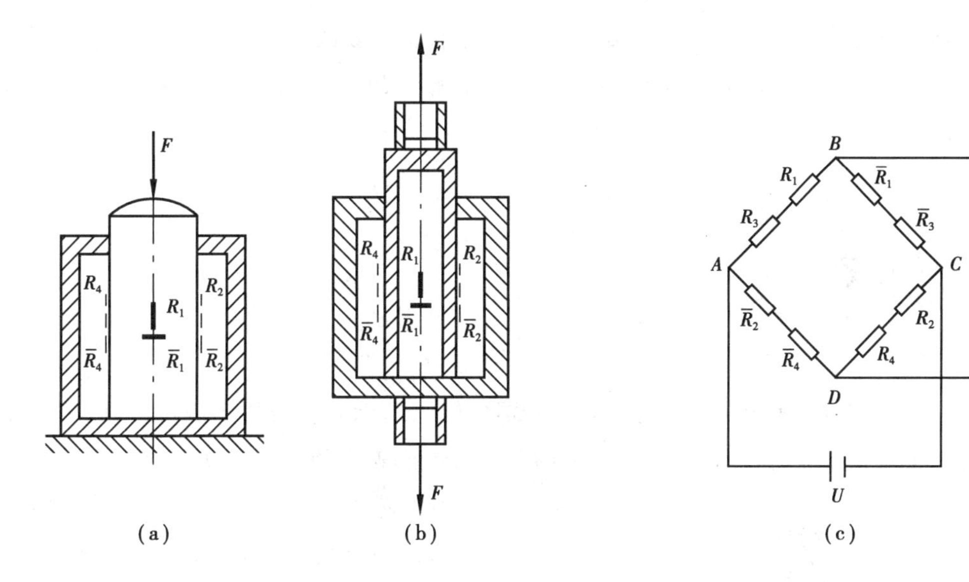

图 2.9 应变式力传感器结构示意图

测量压力也可以测量拉力。两种传感器的应变片用同样的方式粘贴在弹性元件的侧表面上，在被测外力 F 的作用下弹性元件发生变形，通过应变片测量应变的方法即可达到测量力的目的。

实际应用中，被测力 F 作用线与弹性元件轴线不可避免地会有偏心或倾斜，而且，每次测量时的偏心或倾斜度是随机的，必然会引起测量误差。因而采用适当的结构设计、合理布置应变片的位置及接桥方式以减小上述误差是十分必要的。下面以图 2.9(a)所示圆柱体弹性元件为例，说明应变片粘贴位置和桥路的连接方式。

应变片应对称地粘贴在弹性元件应变分布均匀的区段，亦即较远离两端的中间区段，如图 2.9(a)所示，对称地选择相互夹角为 90°的 4 条母线，在每一条母线上沿母线方向和垂直于母线方向各粘贴一个电阻应变片，沿母线方向的应变片记作 $R_i(i=1,2,3,4)$，垂直于母线方向的应变片记作$\overline{R}_i(i=1,2,3,4)$，分别将相对的应变片 R_i 和$\overline{R}_i(i=1,2,3,4)$串联，并组成图 2.9(c)所示的桥路。根据应变电桥测试原理，电桥输出的总应变为

$$\varepsilon=\varepsilon_1+\varepsilon_3-\overline{\varepsilon}_1-\overline{\varepsilon}_3+\varepsilon_2+\varepsilon_4-\overline{\varepsilon}_2-\overline{\varepsilon}_4 \tag{2.1}$$

注意到$\overline{\varepsilon}_i=-\mu\varepsilon_i(i=1,2,3,4)$，电桥总的输出为

$$\begin{aligned}\varepsilon&=\varepsilon_1+\varepsilon_3+\mu\varepsilon_1+\mu\varepsilon_3+\varepsilon_2+\varepsilon_4+\mu\varepsilon_2+\mu\varepsilon_4\\&=(1+\mu)(\varepsilon_1+\varepsilon_2+\varepsilon_3+\varepsilon_4)\end{aligned} \tag{2.2}$$

式中　μ——弹性元件材料的泊松比。

如果被测量的力 F 相对于弹性元件轴线发生偏心或倾斜，其横向分量和弯矩对于弹性元件的弯曲效应使相对的两个应变片(如 R_1、R_3；R_2、R_4)发生等量、异号的电阻变化，从而应变也是等量、异号的，此种影响将在式(2.1)求和中被消去，亦即电桥总输出中不含有偏心和倾斜的影响。因为 8 个应变片在同一温度环境中工作，每个应变片的温度变化应变是相同的，

图 2.9(c)所示桥路可实现全桥互联温度补偿,温度干扰也会被抵消。由式(2.2)还可以看出,横向应变片的采用既可实现温度补偿,又起到提高灵敏度的作用,将测量灵敏度提高为原来的$(1+\mu)$倍。

2.4 百分表

百分表(千分表)利用齿轮放大原理制成(如图 2.10 所示),主要用于测量位移。工作时将测杆的触头紧靠在被测量的物体上,物体的变形将引起触头的上下移动,细轴上的平齿轮便推动小齿轮以及和它同轴的大齿轮共同转动,大齿轮带动指针齿轮,于是大指针随齿轮一起转动。将测杆轴线方向的位移量转变为百分表(千分表)的读数。把百分表的圆周边等分成 100 个小格(千分表分成 200 个小格),大指针在刻度盘上每转动一格,表示触头的位移为 1/100 mm(千分表为 1/1 000 mm),大指针转动的圈数可由小指针予以记忆。

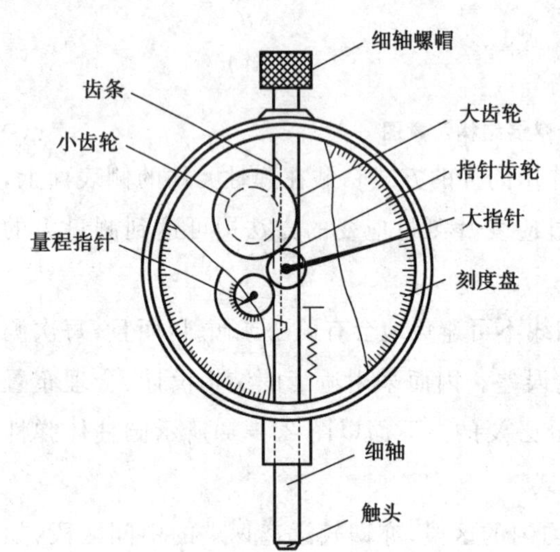

图 2.10 百分表(千分表)构造图

安装百分表(千分表)时,应使细轴的方向(亦即触头的位移方向)与被测点的位移方向一致。对细轴应选取适当的预压缩量。测量前可转动刻度盘使指针对准零点。

2.5 电子式引伸仪

应变式位移传感器又称为电子式引伸仪,简称引伸仪,是一种精密测量物体表面变形的传感器,常用于测量拉伸或压缩试样的纵向变形或横向变形(如材料力学性能 E 和 μ 的测量实验)。此种传感器的主要构件为刚性臂和弹性元件,在弹性元件上粘贴测量变形的电阻应变片。根据弹性元件形状的不同,常用的结构形式如图 2.11 所示。

使用时传感器刚性臂前端的刀口紧密地按压在被测试样表面,试样受力变形时传感器刚性臂刀口随之产生相对位移 Δl,使两刚性臂分开或靠近。联接在刚性臂后部的弹性元件发生相应的变形,这种变形由应变片 R_1、R_2、R_3 和 R_4 测出。注意到应变片的应变与刚性臂刀口位

移 Δl 成正比，只要测出弹性元件的应变，经过标定就可以得到传感器刀口的相对位移 Δl。传感器刀口发生相对位移 Δl 时，应变片 R_1、R_3 应变的数值、符号均相同，应变片 R_2、R_4 的应变与 R_1、R_3 的应变数值相等、符号相反，将上述 4 个应变片适当地组成全桥，既可实现全桥互联温度补偿，也可提高测量灵敏度，使电桥输出等于每个应变片测量应变的 4 倍。

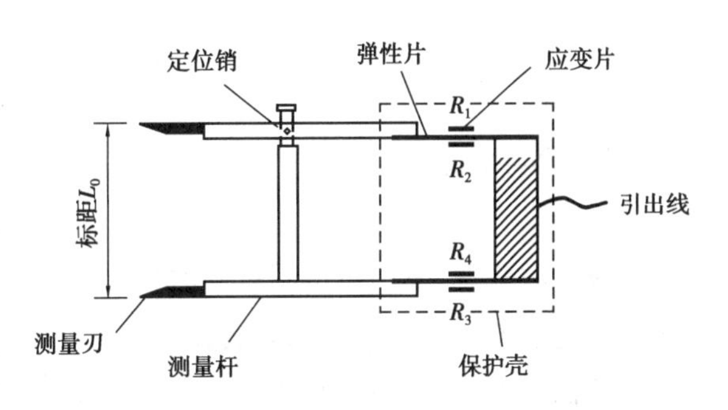

图 2.11 电子引伸仪结构示意图

电子式引伸仪具有结构简单、使用方便、稳定性好和灵敏度高的特点，可以测 10^{-3} mm 量级的变形。

2.6 金属材料的拉伸实验

材料的力学性能实验是工程中广泛应用的一种实验，它为机械制造、土木工程、冶金及其他各种工业部门提供可靠的材料力学性能参数，便于合理地使用材料，保证机器(结构)及其零件(构件)的安全工作。

材料的力学性能实验必须按照国家标准进行。

2.6.1 实验目的与实验设备

1)实验目的

①测定低碳钢拉伸时的强度性能指标：屈服极限 σ_s 和强度极限 σ_b。

②测定低碳钢拉伸时的塑性性能指标：断后伸长率 δ 和断面收缩率 ψ。

③测定铸铁拉伸时的强度性能指标：强度极限 σ_b。

④比较并分析低碳钢和铸铁在拉伸时的力学性能特点和断口破坏特征。

2)实验设备

①微机控制电子万能试验机。

②游标卡尺。

2.6.2 实验试样

大量实验表明,实验时所用试样的形状、尺寸、取样位置和方向等因素,对其性能测试结果都有一定影响。为了使金属材料拉伸实验的结果具有符合性与可比性,国家制定了统一标准。按照国家标准《金属材料室温拉伸试验方法》(GB/T 228—2002)规定,金属拉伸试样通常采用圆形和板状两种试样,如图 2.12 所示,它们均由夹持、过渡和平行 3 部分组成。夹持部分应适合于试验机夹头的夹持;过渡部分的圆弧应与平行部分光滑地连接,以保证试样破坏时断口在平行部分;平行部分中测量伸长用的长度称为标距,受力前的标距称为原始标距,记作 L_0,通常在其两端划细线标志。

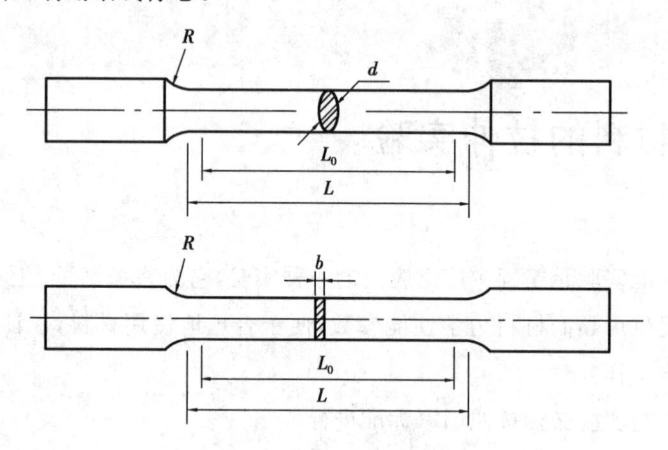

图 2.12 拉伸试样

按试样原始标距 L_0 和原始横截面面积 A 之间的关系划分,试样可分为比例试样和非比例试样两种。比例试样的 $L_0=K\sqrt{A}$,系数 K 通常取为 5.65 或 11.3,前者称为短比例试样(简称短试样),后者称为长比例试样(简称长试样)。对圆形试样来说,原始标距分别等于 $5d$ 和 $10d$。非比例试样无上述比例关系。本次实验采用 $L_0=10d$ 的圆形截面长比例试样。

2.6.3 实验原理与方法

根据《金属材料室温拉伸试验方法》(GB/T 228—2002)的基本要求,分别简要叙述如下:

1)低碳钢(Q_{235}钢)拉伸实验原理

做拉伸实验时,微机控制电子万能试验机的计算机屏幕可以测绘出低碳钢试样的拉伸图,即图 2.13 所示的拉力 P 与伸长 ΔL 关系曲线。图 2.13 中起始阶段呈曲线,是由于试样头部在试验机夹具内有轻微滑动及试验机各部分存在间隙等原因造成的。分析时可以将其忽略，直接把图 2.13 中的直线段延长与横坐标相交于 O 点，作为其坐标原点。拉伸图形象地描绘出钢材的受力变形特征以及各阶段受力与变形之间的关系，但同一种钢材的拉伸曲线会因试样尺寸不同而异。为了使同一种钢材不同尺寸试样的拉伸过程及其特性点便于比较，以消除试样几何尺寸的影响，可以将拉伸曲线图的纵坐标（拉力 P）除以试样的原始横截面面积 A，即为应力，并将横坐标（伸长 ΔL）除以试样的原始标距 L_0，即为应变，这样得到的曲线便与试样尺寸无关，该曲线称为应力—应变曲线。

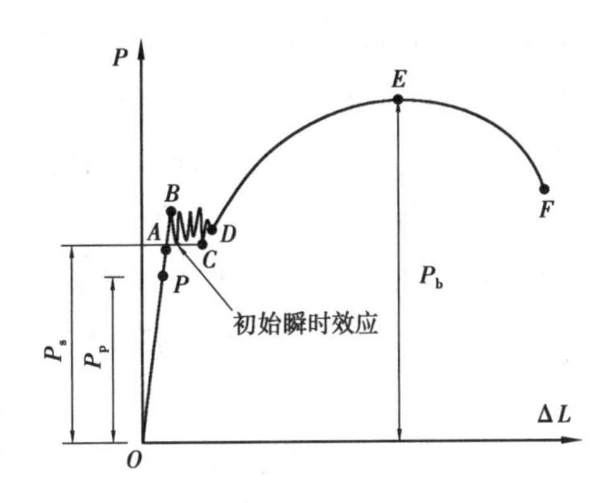

图 2.13 低碳钢的拉伸图

拉伸实验过程分为 4 个阶段：

(1)弹性阶段 OP

弹性阶段的拉力 P 和伸长 ΔL 成正比关系，表明钢材的应力 σ 与应变为线性关系，完全遵循虎克定律，故 OP 段称为线弹性阶段。P 点对应的荷载为 P_p，称为材料的比例极限荷载。在该弹性阶段内，OP 的斜率称为材料的弹性模量 E，弹性模量是材料的弹性性质的重要特征之一。荷载继续从 P 点增加到 A 点的过程中，拉力 P 与伸长 ΔL 之间的关系不再是线性关系，但变形仍然是弹性的，即卸除拉力后变形完全消失，这呈现出非线性弹性性质。A 点对应的应力 σ_e 称为材料的弹性极限，把 PA 段称为非线性弹性阶段。由于 A、P 两点靠得很近，工程上对材料的弹性极限（非线性弹性阶段）和比例极限（线性弹性阶段）并不严格区分，统称为弹性极限，当荷载超过 A 点后卸载，除了弹性变形消失外，材料还会产生不可恢复的变形，称为塑性变形或残余变形。

(2)屈服阶段 BD

当拉力超过弹性极限继续增加达到 BD 段时，计算机屏幕上画出锯齿状曲线，这种现象表征试样在承受的拉力不继续增加或稍微减小的情况下却继续伸长，这种现象称为屈服，这时在试样表面上可以看到表征金属晶体滑移的迹线，大约与试样轴线成 45°角。上屈服荷载是试件发生屈服而荷载首次下降前的最大荷载。在屈服阶段不计初始瞬时效应时的最小荷载 P_s 称为下屈服荷载。由于上屈服荷载受实验速率、试样变形速率和试样形式等因素的影响不够稳定，而下屈服荷载则比较稳定，故工程中一般要求准确测定下屈服荷载 P_s 作为材料的屈服荷载。如果材料没有明显的屈服现象，工程上常用产生规定残余应变为 0.2%时的荷载 $P_{0.2}$ 作为规定残余应变荷载，又称条件屈服荷载。屈服强度是衡量材料强度性能优劣的一个重要指标。本实验要求准确测定其屈服强度。

(3)强化阶段 DE

当过了屈服阶段后，试样材料因发生明显塑性变形，其内部晶体组织结构重新排列，其抵抗变形的能力有所增强。随着拉力的增加，伸长变形也随之增加，故拉伸曲线继续上升形成 DE 曲线段，称为试样材料的强化阶段。在该阶段中，试样随着塑性变形量的累积增大，促使材料的力学性能也发生变化，此时如果卸载，然后重新加载，材料的塑性变形性能劣化，材料抵抗变形能力提高，这种特征称为形变强化或冷作硬化。当拉力增加达到拉伸曲线顶点 E 后，拉伸曲线开始下降，到 F 点试样被拉断。拉伸曲线顶点 E 对应的荷载为最大荷载 P_b，材料抗拉强度极限也是衡量材料强度性能优劣的又一重要指标。本实验也要准确测定其抗拉强度极限。

(4)颈缩和断裂阶段 EF

对于低碳钢类塑性材料来说，在承受拉力达到 P_b 以前，试样发生的变形在各处基本上是均匀的。但在达到 P_b 以后，则变形主要集中于试样的某一局部区域，在该区域处横截面面积急剧缩小，这种特征就是所谓的颈缩现象。实验中试样一旦出现“颈缩”，拉伸曲线随即下降，直至试样被拉断，即拉伸曲线由顶点 E 急剧下降至断裂点 F，故称曲线 EF 阶段为颈缩和断裂阶段。试样被拉断后，弹性变形消失，而塑性变形则保留在拉断的试样上，其断口形貌呈杯锥状。试样拉断后，利用试样标距内的残余变形来计算材料的断后延伸率，利用断口截面来计算断面收缩率。

(5)实验结果处理

①强度指标：

屈服强度 σ_s——试样在拉伸过程中荷载不增加而试样仍能继续产生变形时的荷载(即屈服荷载)P_s 除以原始横截面面积 A 所得的应力值，即

$$\sigma_s = \frac{P_s}{A} \tag{2.3}$$

抗拉强度 σ_b——试样在拉断前所承受的最大荷载 P_b 除以原始横截面面积 A 所得的应力值，即

$$\sigma_b = \frac{P_b}{A} \tag{2.4}$$

②塑性性能指标：

关闭机器，取下拉断的试样，将断裂的试件紧对到一起，用游标卡尺测量出断裂后试样标距间的长度 L_1，按式(2.5)可计算出低碳钢的延伸率 δ

$$\delta = \frac{L_1 - L_0}{L_0} \times 100\% \tag{2.5}$$

从破坏后的低碳钢试样上可以看到，各处的残余伸长不是均匀分布的。离断口愈近变形愈大，离断口愈远则变形愈小，因此测得 L_1 的数值与断口的部位有关。为了统一 δ 值的计算，规定以断口在标距长度中央的 1/3 区段内为准来测量 L_1 的值，若断口不在中央的 1/3 区段内时，需要采用断口移中的方法进行换算，其方法如下：

试验前，将试样的标距分成 10 等份。若断口到邻近标距端的距离大于 $L_0/3$，则可直接测

量标距两端点之间的距离作为 L_1。若断口到邻近标距端的距离小于或等于 $L_0/3$，则应采用断口移中法(亦称为补偿法)测定：在长段上从断口 O 点起，取基本等于短段格数得到 B 点，再由 B 点起，取等于长段剩余格数(偶数)的一半得到 C 点，如图 2.14(a)所示；或取剩余格数(奇数)减 1 与加 1 的一半分别得到 C 点与 C_1 点，如图 2.14(b)所示。

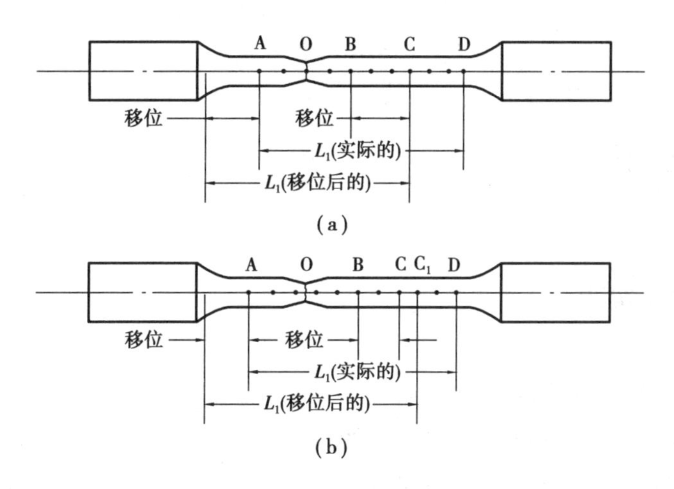

图 2.14 测 L_1 的断口移中法

移位后的 L_1 分别为：

$$L_1 = \overline{AO} + \overline{OB} + 2\,\overline{BC} \text{ 或 } L_1 = \overline{AO} + \overline{OB} + 2\,\overline{BC} + \overline{CC_1}$$

测量时，两段在断口处应紧密对接，尽量使两段的轴线在一条直线上。若在断口处形成缝隙，则此缝隙应计入 L_1 内。如果断口在标距以外，则试验无效。

断面收缩率 ψ——拉断后的试样在断裂处的最小横截面面积的缩减量与原始横截面面积的百分比，即

$$\psi = \frac{A - A_1}{A} \times 100\% \qquad (2.6)$$

式中 A——试样的原始横截面面积；

A_1——拉断后的试样在断口处的最小横截面面积。

2)铸铁拉伸实验原理

对铸铁试样做拉伸实验时，利用微机控制电子万能试验机的计算机屏幕可以绘出铸铁试样的拉伸图，如图 2.15 所示。

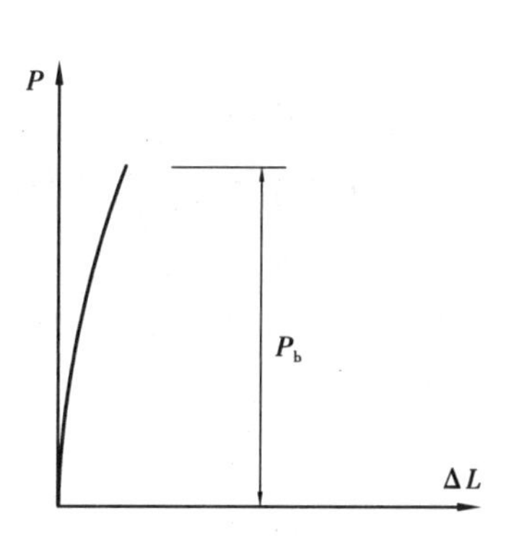

图 2.15 铸铁试样拉伸图

实验表明，在整个拉伸过程中试样变形很小，无屈服和颈缩现象，拉伸曲线很快达到最大拉力 P_b，试样突然发生断裂，其断口平齐粗糙，是一种典型的脆性破坏断口。其抗拉

强度(或强度极限)σ_b 远小于低碳钢材料的抗拉强度。

铸铁在拉伸过程中,当变形很小时就会断裂,电子万能试验机的计算机屏幕上绘出拉伸图的最高点处荷载为最大荷载 P_b,用 P_b 除以原始横截面面积 A 所得的应力值即为抗拉强度 σ_b,即:

$$\sigma_b = \frac{P_b}{A} \tag{2.7}$$

2.6.4 实验步骤

1)低碳钢拉伸实验

①将试样标距分为 10 等份。

②在试样标距范围内的中间以及两端标距点的内侧附近,分别用游标卡尺在相互垂直方向上测取试样直径的平均值为试样在该处的直径,取三者中的最小值作为试样的计算直径。

③按液压式万能试验机、电子万能试验机的操作规程进行准备,使试验机进入试验状态。

④安装试样。

⑤以 1～5 mm/min 的速率加载直至测出 P_s,在此期间应保持加载速率恒定。屈服阶段后可增大加载速率,但加载速率不能超过 25 mm/min。最后直至将试样拉断。

⑥试验结束后,请保存、分析试验数据且及时取下试样。

⑦取下拉断后的试样,将断口吻合压紧,用游标卡尺量取断口处的最小直径和两端标点之间的距离。

⑧按式(2.3)～式(2.6)计算试样的屈服强度 σ_s、抗拉强度 σ_b、延伸率 δ 和断面收缩率 ψ。

2)铸铁拉伸实验

①测量试样的尺寸,不需将试样标距分为 10 等份。

②其他操作步骤同低碳钢拉伸实验。

③启动电子万能试验机,匀速缓慢加载直至试样被拉断为止,记录下最大荷载 P_b。

④按式(2.7)计算抗拉强度 σ_b。

2.6.5 拉伸实验结果的数值修约和注意事项

1)拉伸实验结果的数值修约

拉伸实验结果的数值修约见表 2.1。具体修约方法见附录 1。

表 2.1 拉伸实验结果数值修约

性 能	范 围	修约间隔
强度指标：σ_s，σ_b	≤200 N/mm²	1 N/mm²
	200～1 000 N/mm²	5 N/mm²
	>1 000 N/mm²	10 N/mm²
塑性指标：δ，ψ		0.5%

2)拉伸实验注意事项

①实验时必须严格遵守实验设备和仪器的各项操作规程，严禁开“快速”挡加载。开动电子万能试验机后，操作者不得离开工作岗位，实验中如发生故障应立即停机。

②加载时速度要均匀缓慢，防止冲击。

③不得用手动控制盒加载与卸载。

思考题

1. 低碳钢和铸铁在常温静载拉伸时的力学性能和破坏形式有何异同？
2. 测定材料的力学性能有何实用价值？
3. 你认为产生实验结果误差的因素有哪些？应如何避免或减小其影响？

2.7 金属材料的压缩实验

1)实验目的

测定压缩时低碳钢的屈服极限 σ_s 和铸铁的强度极限 σ_b。

2)实验设备和仪器

①微机控制电子万能试验机。
②游标卡尺

3)实验试样

一般细长杆压缩时容易发生失稳现象,因此在金属压缩实验中常采用短粗圆柱形试样。其公差、表面粗糙度、两端面的平行度和对试样轴线的垂直度在国标《金属材料室温压缩试验方法》(GB/T 7314—2005)中均有明确规定。

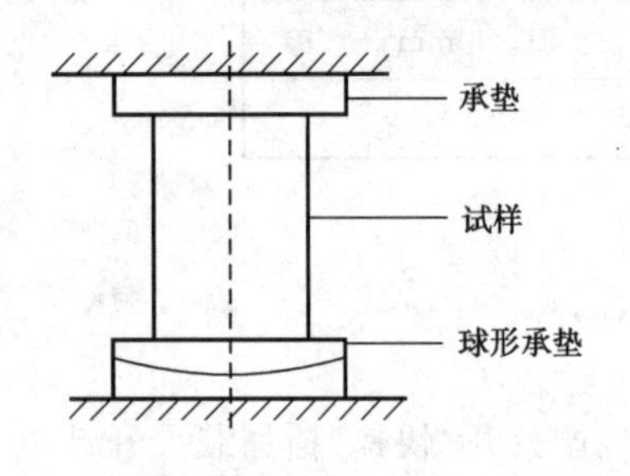

图 2.16 球形承垫图

目前常用的压缩实验方法是两端平压法。由于试样两端面不可能理想地平行,试验时必须使用球形承垫,如图2.16所示。

试样应置于球形承垫中心,利用球形承垫自动调节实现轴向受载。由于试样的上下两端与试验机承垫之间会产生很大的摩擦力,阻碍着试样上部及下部的横向变形,导致测得的抗压强度较实际的偏高。当试样的高度相对增加时,摩擦力对试样中部的影响就会相应变小,因此抗压强度极限与比值 h_0/d_0 有关,同时考虑压杆的稳定性因素,为此国家标准规定试样高度 h_0 与直径 d_0 之比在 1～3 的范围内。

4)实验原理

试验时对试样缓慢加载,电子万能试验机自动绘出压缩图,即压力 P—位移 Δl 曲线。

低碳钢试样压缩图如图 2.17 所示。试样开始变形时,服从虎克定律,呈直线上升,此后变形增长很快,材料屈服时荷载暂时保持恒定或稍有减小,这暂时的恒定值或减小的最小值即为压缩屈服荷载 P_s。有时屈服阶段出现多个波峰波谷,则取第一个波谷之后的最低荷载为压缩屈服荷载 P_s。此后图形呈曲线上升,随着塑性变形的增长,试样横截面相应增大,增大了的截面又能承受更大的荷载。试样愈压愈扁,如图 2.18 所示,甚至可以压成薄饼形状而不破裂,因此低碳钢试样测不出抗压强度。

铸铁压缩图如图 2.19 所示。铸铁受压时,在加载开始阶段接近于直线,以后曲率逐渐增大,荷载达到最大值 P_b 后稍有下降,然后破裂,能听到沉闷的破裂声。铸铁试件破裂后呈微鼓形,破裂面与试件的横截面大约成 45°,如图 2.20 所示,这主要是由切应力造成的。如果测

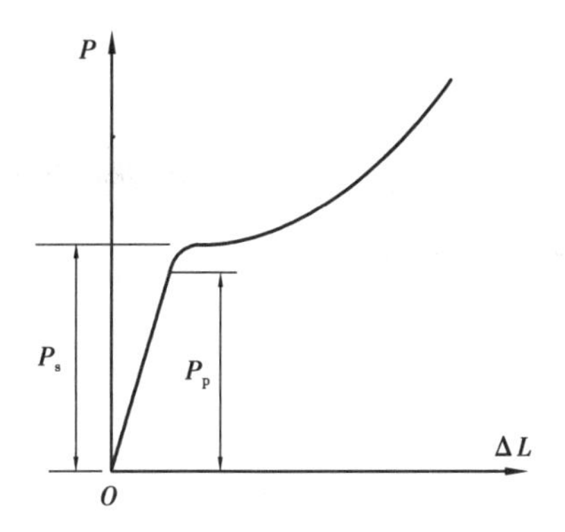

图 2.17 低碳钢压缩图

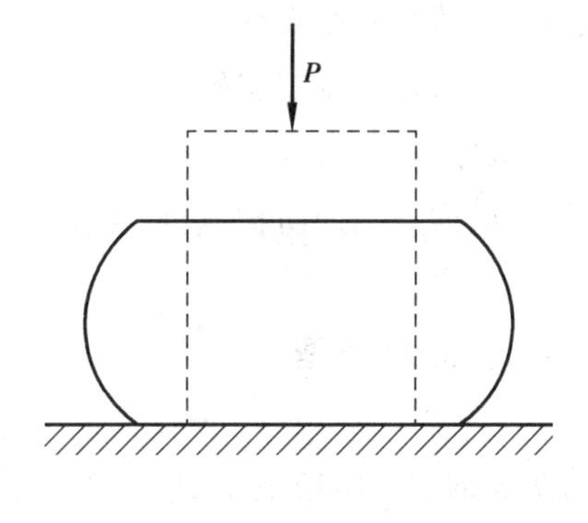

图 2.18 压缩时低碳钢变形示意图

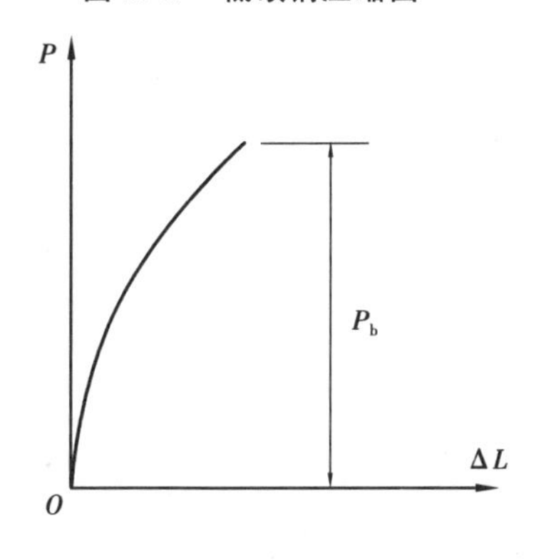

图 2.19 铸铁压缩图

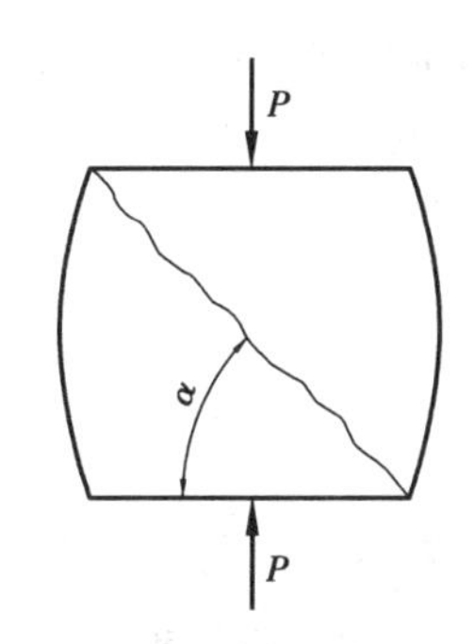

图 2.20 压缩时铸铁破坏断口

量铸铁受压试样斜断口倾角 α，则可发现它略大于 45°而不是最大切应力所在截面，这是因为试样两端存在摩擦力造成的。

5)实验步骤

(1)低碳钢试样的压缩实验

①测定试样的直径，用游标卡尺在试样高度中央取一处予以测量，沿两个互相垂直的方向各测一次取其算术平均值作为直径 d 来计算截面面积 A。

②启动电子万能试验机，运行控制软件。

③将试样准确地放在试验机活动平台承垫的中心位置上。

④用手动控制盒移动横梁下降，当上压头接近试样时，应大大减慢横梁下降的速度。注意：必须切实避免横梁急速下降。

⑤待试样与上压头接触受力后，选择合适的加载速率缓慢加载，注意观察计算机屏幕上的曲线和数字显示窗口的变化情况，屈服阶段结束后继续加载，将试样压成鼓形即可停止。

⑥卸载并取出试样，注意观察试样形貌有何变化。

⑦分析压缩曲线，确定屈服荷载 P_s 并记录相关实验数据。

⑧关机，清理实验现场。

(2)铸铁试样的压缩实验

铸铁试样压缩实验的步骤与低碳钢压缩实验基本相同，但不测屈服荷载而测最大荷载。此外，要在试样周围加防护罩，以免实验过程中试样碎屑飞出伤人。

6)实验结果处理

①低碳钢的屈服极限 σ_s 按式(2.8)计算：

$$\sigma_s = \frac{P_s}{A} \tag{2.8}$$

②铸铁的抗压强度极限 σ_b 按式(2.9)计算：

$$\sigma_b = \frac{P_b}{A} \tag{2.9}$$

思考题

1. 铸铁的破坏形式说明了什么？
2. 低碳钢和铸铁在拉伸及压缩时机械性质有何差异？

2.8 金属材料静弹性模量 E 的测定

拉伸实验中得到的屈服强度 σ_s 和抗拉强度 σ_b 反映了材料对外力作用的承受能力，而延伸率 δ、断面收缩率 ψ 反映了材料在塑性方面对变形作用的承受能力。为了表示材料在弹性范围内抵抗变形的难易程度，可用材料的弹性模量 E 来量度，故称之为材料的刚性。从材料的应力—应变关系曲线来看，它就是起始直线部分的斜率。

弹性模量 E 是表示材料机械性质的又一个物理量，只能由实验测定。对于构件的理论分析和设计计算来说，弹性模量 E 是经常要用到的参数之一。

1)实验目的

①在比例极限内，验证虎克定律。

②测定钢材的弹性模量 E。

③学习拟定试验加载方案。

2)实验设备

①微机控制电子万能试验机。

②游标卡尺。

③测量变形用的电子引伸仪或球铰式引伸仪。

3)实验原理

根据国家标准《金属材料弹性模量和泊松比试验方法》(GB/T 22315—2008)规定,测定钢材的弹性模量 E 应采用拉伸实验。由拉伸实验可知,低碳钢材料在比例极限内荷载 P(即轴向力)与绝对伸长变形 ΔL(轴向变形)符合虎克定律,即 $\Delta L=PL/EA$,由此得出测量 E 的基本公式:

$$E=\frac{PL}{\Delta LA} \tag{2.10}$$

式中 P——所加荷载;

L——试样原始标距;

A——试样的原始横截面面积;

ΔL——轴向变形(原始标距绝对伸长)。

按国标《金属材料室温拉伸试验方法》(GB/T 228—2002)制成圆形截面比例试样,在材料弹性范围内,只要测得相应荷载下的轴向变形 ΔL,即可计算出弹性模量 E。故弹性模量的测量,即是弹性变形的测量。然而试样的轴向变形 ΔL 很微小,需要借助于引伸仪进行测量,本次实验选用球铰式引伸仪。

为了验证虎克定律和消除测量中的偶然误差,一般采用增量法加载,如图 2.21 所示。所谓增量法,就是把欲加的最大荷载分成若干等份,逐级加载以测量试样的变形。若每级荷载相等,则称为等增量法。当每增加一级荷载增量 ΔP,从引伸仪上读出的相应变形增量 ΔL 也应大致相等,这就验证了虎克定律。于是得到用增量法测量 E 的计算公式:

$$E=\frac{\Delta\sigma}{\Delta\varepsilon}=\frac{\Delta PL}{\Delta LA} \tag{2.11}$$

如能精确绘出拉伸曲线,即 $P-\Delta L$ 曲线,也可在弹性直线段上确定两点(如图 2.22 的 A,B 点),测出 ΔP 和 ΔL 计算 E。

4)实验步骤

①试样的准备。在试样标距长度的两端及中间选 3 处,每处在两个相互垂直的方向上各测一次直径,取其算术平均值,取这 3 处平均值作为计算截面面积。

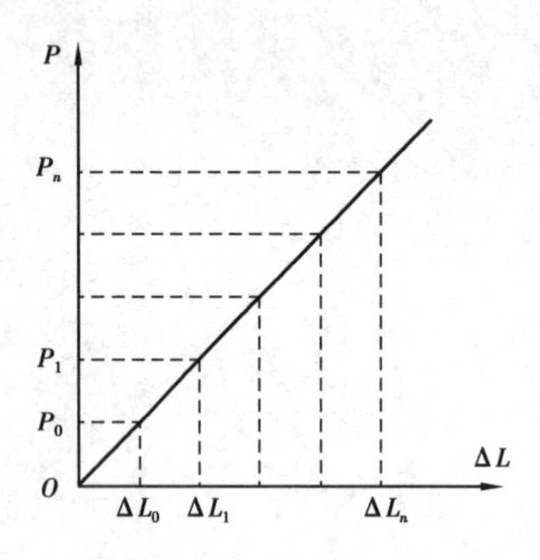

图 2.21　逐级等量加载

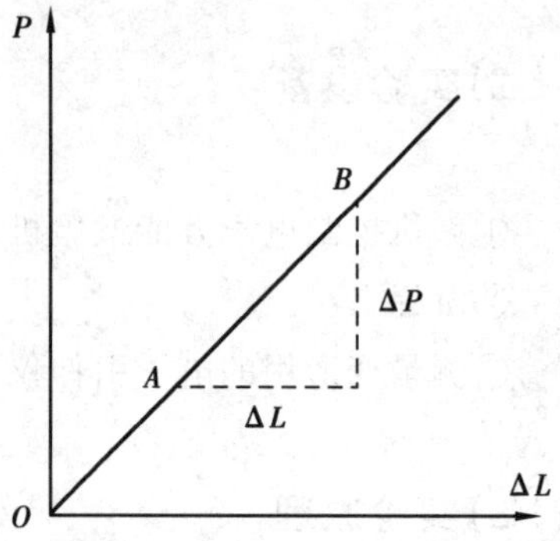

图 2.22　图解法测弹性模量

②试验机的准备。首先复习微机控制电子万能试验机的操作规程。

③安装试样和仪器。将试样安装在试验机夹头内，预加少许荷载，其大小以夹紧试样即可。然后小心正确地安装引伸仪。

④进行试验。用慢速逐渐加载至初荷载，记下此时引伸仪的初读数。然后缓慢地逐级加载。每增加一级荷载，记录一次引伸仪读数，随时估算引伸仪先后两次读数的差值，借以判断工作是否正常，继续加载到最终数值为止。

5)数据处理

设引伸仪标距为 L(mm)，试样的原始横截面面积为 $A(\mathrm{mm}^2)$，放大倍数 $K=2$，各级荷载作用下测得的千分表读数增量平均值 ΔB(千分表的读数每格单位为 1/1 000 mm)，则试样在荷载增量 ΔP 作用下的变形增量 $\Delta L=\dfrac{\Delta B}{K}$(mm)，试样的弹性模量 E 按式(2.12)计算：

$$E=\frac{\Delta P}{A}\frac{L}{\Delta L} \tag{2.12}$$

6)注意事项

①参见拉伸实验注意事项。

②注意引伸仪、千分表的装拆。应保证千分表与引伸仪接触，并有一定的量程。

思考题

1. 试验时为什么要加初荷载？

2. 为什么要用等量加载法进行试验？用等量加载法求出的弹性模量与一次加载法求出的弹性模量是否相同？

2.9 金属材料的剪切实验

1)实验目的

①用直接受剪的方法测定低碳钢的剪切强度极限 τ_b。

②观察破坏现象和分析破坏原因。

2)实验设备和仪器

①万能材料试验机。

②剪切器。

③游标卡尺。

3)实验试样

常用的剪切试样为圆形截面试样。

4)实验原理与方法

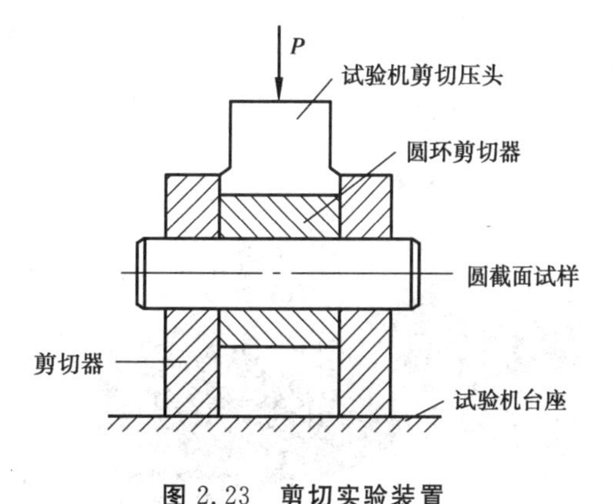

图 2.23 剪切实验装置

把试样安装在剪切器内,用万能试验机对剪切器的剪切刀刃施加荷载,则试样上有两个横截面受剪,如图 2.23 所示。随着荷载的增加,剪切面上的材料经过弹性、屈服等阶段,最后沿剪切面被剪断。

用万能试验机可以测得试样被剪坏时的最大荷载 P_b,剪切强度极限为

$$\tau_b = \frac{P_b}{2A} \tag{2.13}$$

式中 A——试样的原始横截面面积。

从被剪坏的低碳钢试样可以看到,剪断面已不再是圆,说明试样同时还受到挤压应力的

作用。同时,还可以看出中间一段略有弯曲,表明试样承受的不是单纯的剪切变形,这与工程中使用的螺栓、铆钉、销钉、键等联接件的受力情况相同,故所测得的 τ_b 有实用价值。

5)实验步骤

①测量试样的直径(与拉伸实验的测量方法相同)。

②估算试样的最大荷载,选择相应的测力盘,配置好相应的摆锤。调整测力指针,使之对准"0",将从动指针与之靠拢。

③将试样装入剪切器中。

④把剪切器放到万能试验机的压缩区间内。

⑤均匀缓慢加载直至试样被剪断,读取最大荷载 P_b,取下试样,观察破坏现象。

2.10 扭转试验机

扭转试验机可以对试样施加扭矩,测量扭矩的数值和两夹头间的相对扭转角,是材料扭转试验的专用设备。它的类型很多,构造形式也各不相同,一般都包括加载和测量两部分。这里介绍常用的 NJ-50B 型扭转试验机,其外形如图 2.24 所示。

图 2.24 NJ-50B 型扭转试验机外形图

此试验机采用直流电机无级调速机械传动加载,可以正反两个方向对试样施加扭矩,用电子自动平衡随动系统测量扭矩值。最大扭矩量程为500 N·m。扭矩夹头的转速可在 0~360(°)/min 和 0~36(°)/min 两个范围内无级调速。

1)NJ-50B 型扭转试验机的工作原理

NJ-50B 型扭转试验机由加载机构、扭矩测量系统、自动绘图器组成。加载机构由 6 个滚珠轴承支持在机座的导轨上,它可以沿导轨方向随意滑动。扭转试验机的工作原理如图 2.25 所示。加载时,操纵加载开关和调速电位器使直流电动机 1 转动,经过减速器 2 的减速,带动夹头 3 转动对试样 4 施加扭矩。夹头转速由转速表指示。

当试样受到由夹头 6 传来的逆时针方向的扭矩时,杠杆 26 随之转动很小的角度,通过 A

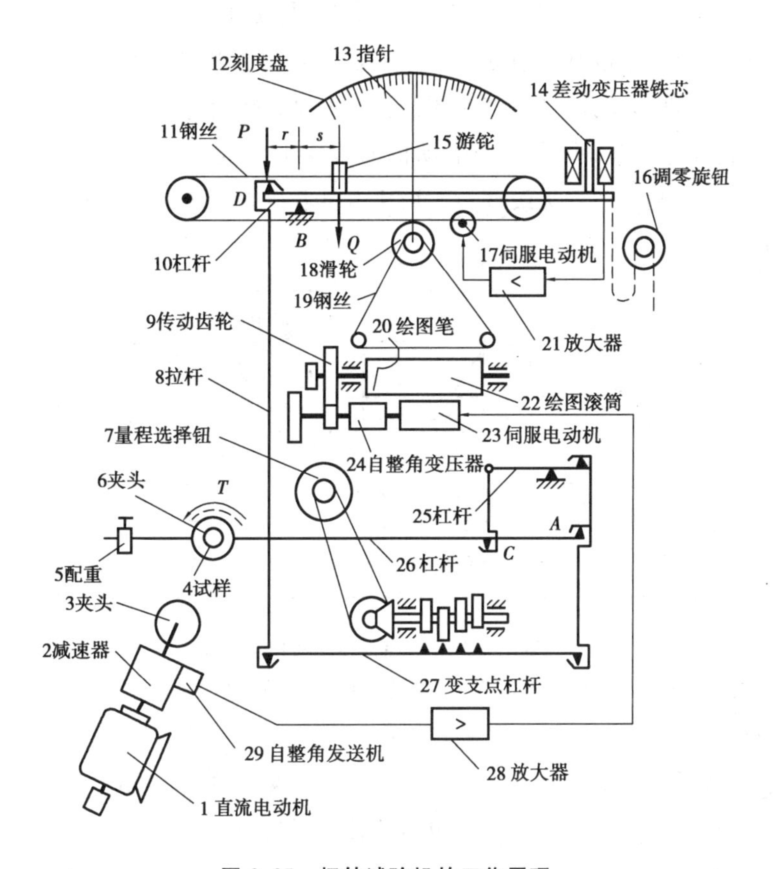

图 2.25　扭转试验机的工作原理

点将力传给变支点杠杆 27(C 支点和杠杆 25 可以传递相反方向的扭矩),使拉杆 8 有一拉力 P 施加在杠杆 10 左端的刀口 D 上。杠杆 10 则以 B 为支点使右端翘起,推动差动变压器铁芯 14 移动,因铁芯偏离零位而使差动变压器输出电信号,经放大器 21 使伺服电动机 17 转动,通过钢丝 11 拉动游铊 15 水平移动。当游铊移动到对支点 B 的力矩 $QS=Pr$ 时,杠杆 10 恢复到水平状态,差动变压器的铁芯也回到零位,此时差动变压器无信号输出,伺服电动机 17 停止转动。

由上述分析可知,扭矩和游铊移动的距离成正比。游铊的移动又通过钢丝带动滑轮 18 和指针 13 转动,可在刻度盘 12 上由指针示出试样所受扭矩的数值。

自动绘图器由绘图笔 20 和绘图滚筒 22 等组成。滑轮 18 带动指针 13 移动的同时也带动钢丝 19 使绘图笔 20 水平地移动,绘图笔的移动量即表示扭矩的数值。绘图滚筒 22 是由伺服电动机 23 驱动的。当装在减速器 2 上的自整角发送机 29 随夹头 3 转动时,因与自整角变压器 24 中的转子出现了角度差而输出电信号,经放大器 28 放大后使伺服电动机 23 转动,同时也带动自整角变压器中的转子使其转角与自整角发送机转角之差趋于零。这样,绘图滚筒的转动量正比于试样加力端夹头 3 的转动角度,即代表了试样的扭转角。

在扭转力矩测力度盘的右下方有一个量程旋钮,用以改变扭转力矩的测量量程。其测量范围有50 N·m,100 N·m,200 N·m,500 N·m。当把旋钮转动到指定的量程时,测力度盘上的刻度标示值随之变化,以利于直接读取。在测力度盘左边的侧面有一个转动轮,往上或往下转动可调整测力度盘指针的零点(一般情况下不要去转动它)。

扭转实验时的变形速度,可由改变电动机的转速来决定。由于本机采用可控硅直流电机,调速可在一个很大的范围内无级调整。调速由机器控制面板的开关和旋钮来控制。控制面板如图 2.26 所示。

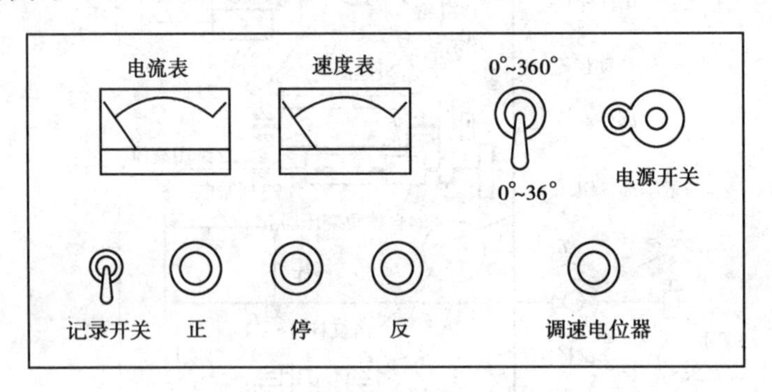

图 2.26　扭转试验机控制面板

电源开关:按下"开",接通整机电源;按"关",断开整机电源。

活动夹头转动速度设置如下:

快速设置:速度设置开关拨于 0～360(°)/min,表示活动夹头转动速度在 0～360(°)/min 的范围内变化,具体的速度由速度调节电位器的转动圈数来决定。

慢速设置:速度设置开关拨于 0～36(°)/min,表示活动夹头转动速度在 0～36(°)/min 范围内变化,具体的速度由速度调节电位器的转动圈数来决定。

电机开关按钮:电机的转动由 3 个按钮决定,"正"为正转,"反"为反转,"停"为不转。改变电机转向时,应先按"停"然后再按反向按钮。

记录仪开关:此开关用于开关记录仪,当一切准备就绪后即可打开记录仪。用完关闭,以免电机转动空走纸。

2)扭转实验操作步骤

①检查试验机夹头的卡板形式是否与试样适配。将速度范围开关置于 0～36(°)/min 处,将调速电位器逆时针旋置于零位。

②根据所需的最大扭矩调整量程开关,选取相应的测力度盘。按下电源开关。转动调零旋钮使指针指零。

③将试样的一端安装于活动夹头中,并夹紧。

④慢慢移动减速器,使试样的未夹持端移动至固定夹头的近旁。开电机转动试样,使试样端部截面形状转动到与固定夹头处的形状正对上时就停机。推动减速器,使试样插入固定

夹头之中，并夹紧。

⑤打开记录仪开关，放下记录笔，然后启动电机(正转或反转)。钢试样在弹性范围内和铸铁试样的全过程的变形较小，应用较低的速度，钢试样在塑性范围内应用较高一点儿的速度。

⑥试验中应注意记录屈服时的扭转力矩和破坏时的扭转力矩。测力度盘上有一从动指针，可用来指示最大扭矩。

⑦试验完毕，停机，取下试样，将试验机复原并清理场地。

3)注意事项

①施加扭矩后，严禁再调整量程开关。

②机器运转时，操作者不得离开。听见异常响声或发生故障应立即停机。

2.11 微机控制扭转试验机

微机控制扭转试验机是机械传动、传感技术、微机控制技术结合的新一代扭转试验机。其荷载显示精度高，扭角测量范围宽，可精确绘出试样的扭矩—扭转角曲线图，并具有程控加载、数据存储、分析和处理功能。现以 CTT-500 试验机为例，介绍其结构及工作原理。

1)加载系统

试验机外观如图 2.27 所示，其工作原理示意图如图 2.28 所示。受扭试样安装于主动夹头和从动夹头之间，从动夹头与扭矩传感器相连，后者固定于可沿导轨做直线移动的移动支

图 2.27 扭转试验机外形图

座上，主动夹头安装在减速器的出轴端，当伺服系统得到指令，交流伺服电机转动并带动同步齿型带、带轮、减速器、主动夹头一起转动，从而使试样产生扭转变形。试样受到的扭矩，由扭矩传感器发出的电信号通过控制器、计算机处理后显示在屏幕上。

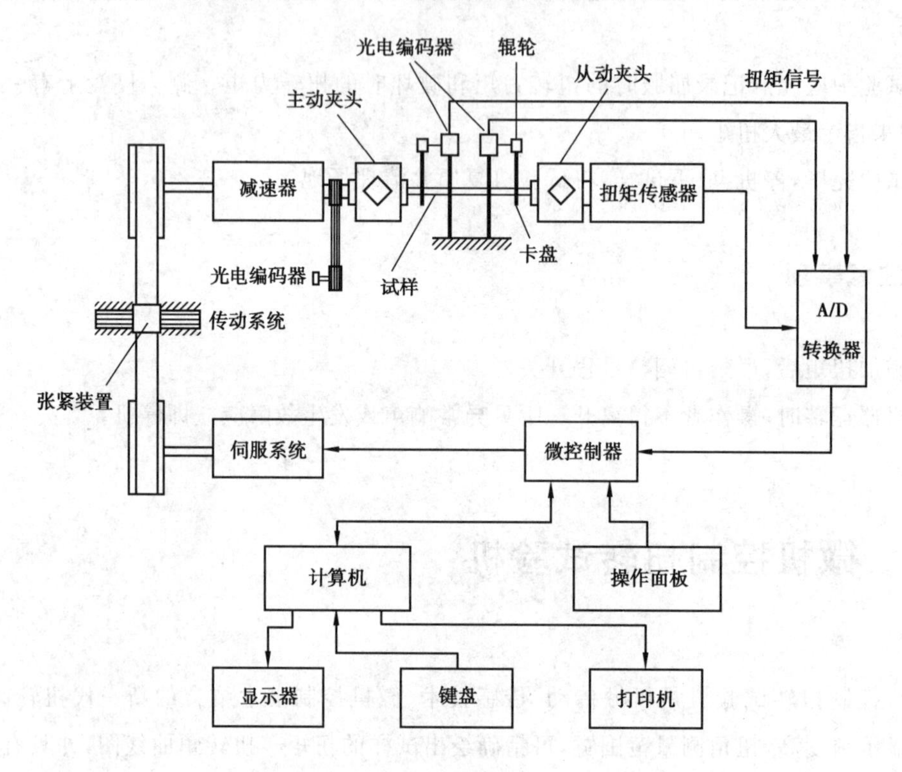

图 2.28　扭转试验机工作原理示意图

2)扭角测量系统

扭角测量系统由两部分组成，它们是试样受到扭转变形时，试样标距 l_0 长度范围内相对扭转角的测量机构(称为标距扭角测量机构)和主动夹头旋转角度的测量装置。标距扭角测量机构，由安装于试样标距位置上的两个卡盘和随卡盘转动的两个辊轮及两只光电编码器组成。光电编码器输出的角脉冲信号经控制测量系统处理后，由计算机显示在屏幕上。主动夹头的旋转角度，亦即主、从两夹头间的相对扭转角，由随减速器输出轴转动的另一只光电编码器输出角脉冲信号，经转换处理后同时在屏幕上显示。

3)控制、检测和数据处理系统

主机上操作面板的功能如图 2.29 所示，面板上各图形按钮主要提供安装试样时操作用。试样安装时，主、从两夹头的夹持块需对正(互相平行)，利用点动正转或反转以及对正按钮都

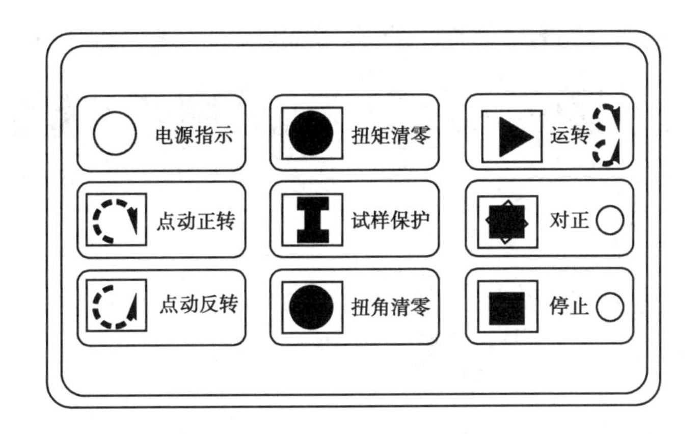

图 2.29 手动操作控制面板

可达到此目的。安装试样时手动操作控制面板的使用方法：

①电源指示灯(红色)：用来指示系统的供电情况。

②点动正转按键：按下该键机器做顺时针转动，指示灯亮；松开即停，同时顺时针指示灯熄灭。

③点动反转按键：按下该键机器做逆时针转动，指示灯亮；松开停止，指示灯熄灭。

④扭矩清零按键：用于使扭矩测量值处于相对零位。

⑤试样保护按键：用于在装夹试样过程中，消除试样的夹持预负荷。按下该键，机器自动处于试样保护状态，试样的夹持预负荷保持为零。

⑥扭角清零按键：使扭转角测量值处于相对零位。

⑦运行按键：当各项试验预备工作完毕后，按下该键进入试验运行状态。按键旁有两个指示灯，分别显示机器施加力矩的正、反转方向。

⑧对正按键：当一次试验完成后，按下该键使主动夹头自动返回初始位置，以便开始进行下一次试验。

试验过程的控制、数据检测和处理由软件来实现。现简单介绍其主功能操作界面的使用方法，如图 2.30 所示。

界面上第一行是菜单栏，第二行是传感器栏。传感器栏上有 4 个窗口，第 1 个窗口显示扭矩的数值，第 2 个窗口显示扭角的测量结果，第 3 个窗口显示标距内扭角，第 4 个窗口显示最大扭矩的数值。

界面第三行是选择试验方案，扭转实验按国家标准《金属室温扭转试验方法》(GB 10128—2007)进行，所以选择“金属室温扭转实验法”。

界面最右边是“加载速度控制栏”，速度栏上有一个窗口，可以显示正在加载的速度，在“文本框”内输入你想要的速度，可以改变加载的速度，如果输入正值，表示“正转”，输入负值，表示“反转”，一般应输入正值，用正转加载。“加载速度控制栏”上还有一个滚动条，用鼠标拖动滚动条向上移动或向下移动也可以改变加载速度。

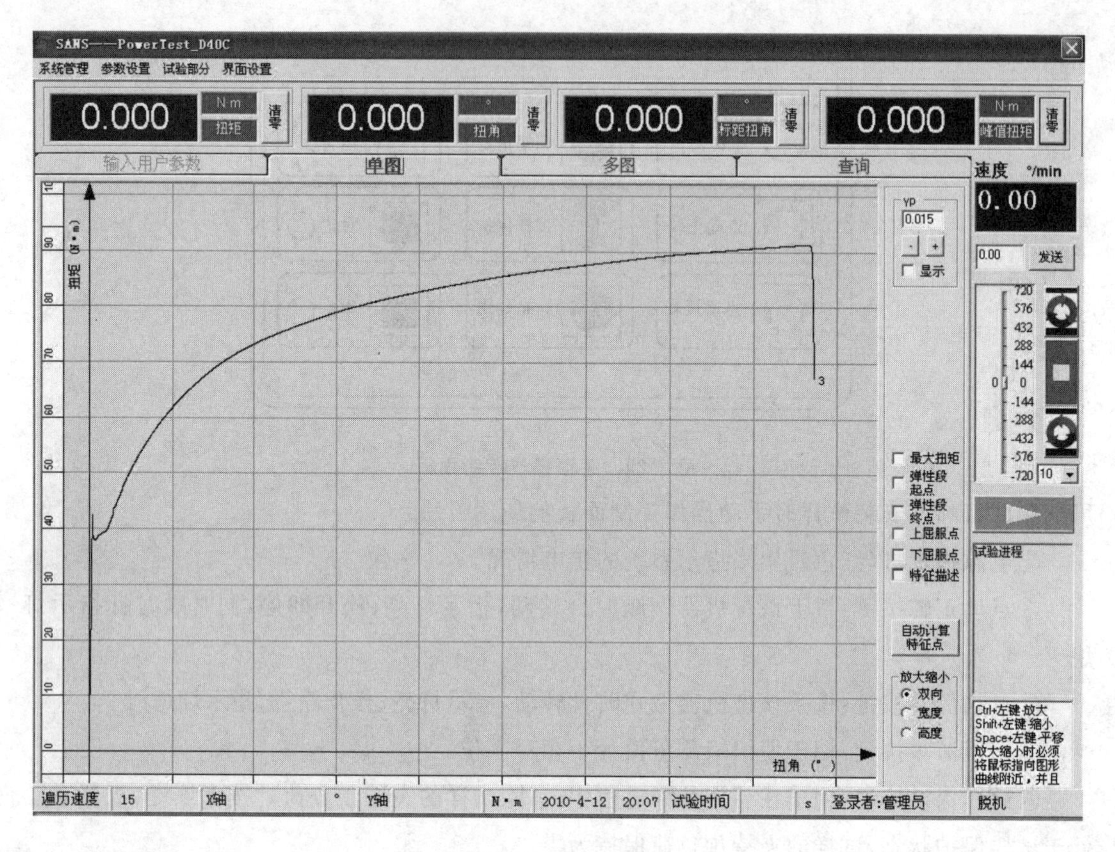

图 2.30　软件界面

“加载速度控制栏”最右边还有 3 个按钮，第一个是“正转”按钮，中间是“停止”按钮，下面是“反转”按钮。

最下面的“三角形”按钮是实验运行键，按下这个键实验开始运行。

4)操作规程

①先按“对正”按键，使两夹头对正。如发现夹头有明显的偏差，可按“点动正转”或“点动反转”按键进行微调。

②将试样的一端放入从动夹头的钳口间，扳动夹头的手柄将试样夹紧。

③按“扭矩清零”按键或试验操作界面上的扭矩“清零”按钮，将扭矩清零。

④推动移动支座，使试样的头部进入主动夹头的钳口间。注意：推动移动支座时，切忌用力过大，以免损坏传感器。

⑤先按下“试样保护”按键，然后慢速扳动夹头的手柄，直至将试样夹紧后，再按下停止键。

⑥点击菜单栏中的“试验部分”，再点击“新试验”子菜单，选择试验方案。

⑦用鼠标点击控制软件界面上的扭矩清零按钮、扭转角清零按钮和扭矩峰值清零按钮，

使软件界面上的以上各窗口显示值为零。

⑧按“运行”键,开始试验。

⑨试验结束,取下试样。

⑩对试验曲线上的特征点进行分析,保存文件为.bmp的图像文件,以便打印。

5)注意事项

①如果打开主机电源后,发现按键操作面板上的红色电源指示灯不亮,请观察急停开关是否按下。

②实验过程中如遇到设备失控或其他紧急情况时,快速按下操作键盘右下侧的急停开关,防止损坏设备。

2.12 扭转实验

1)实验目的

①测定低碳钢的剪切屈服极限 τ_s 及剪切强度极限 τ_b。

②测定铸铁的剪切强度极限 τ_b。

③观察并比较低碳钢及铸铁试样扭转破坏的情况。

2)实验设备

①游标卡尺。

②微机控制扭转试验机。

3)实验原理

扭转破坏实验是材料力学最基本、最典型的实验之一。将试样两端夹持在扭转试验机夹头中,实验时,一个夹头固定不动,另一夹头绕轴转动,从而使试样产生扭转变形,在计算机屏幕上可以实时画出 $M_n—\varphi$ 曲线,从 $M_n—\varphi$ 曲线上可读得相应的扭矩 M_n 和扭转角 φ。

对于低碳钢试样,$M_n—\varphi$ 曲线有两种类型,如图2.31所示。

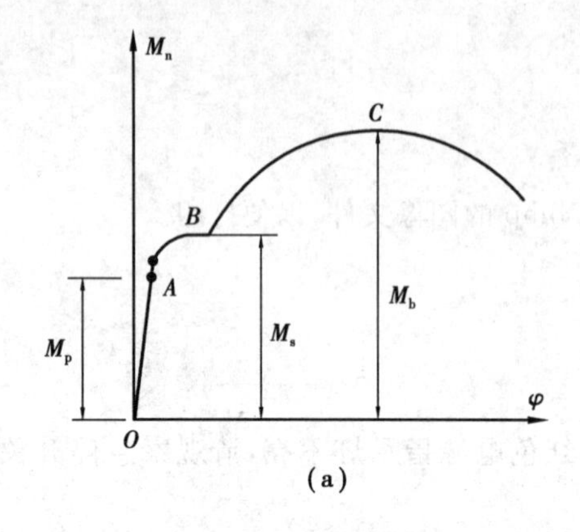

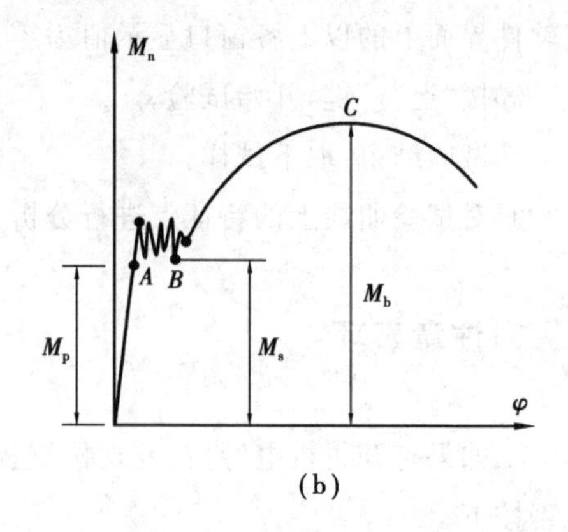

图 2.31　低碳钢试样扭转图

在弹性变形 OA 直线段，试样横截面上的扭矩与扭转角成正比关系，其上的切应力亦呈线性分布，即截面最外缘的切应力最大，中心的切应力几乎为零，如图 2.32(a)所示，在这个阶段材料服从剪切虎克定律，并可以测定切变模量 G。AB 段为曲线部分，表明此阶段扭矩和扭转角不再成正比关系，横截面上切应力的分布也不再是线性的，最外缘的切应力首先达到剪切屈服极限，塑性区由外向里扩展，形成环状塑性区和截面中部未屈服的弹性区，如图 2.32(b)所示。随着试样继续扭转变形，塑性区不断向圆心扩展，$M_n—\varphi$ 曲线稍微上升，直至 B 点趋于平坦，这时塑性区几乎占据了全部截面，切应力趋于均匀分布，如图 2.32(c)所示。此时与之对应的扭矩为屈服扭矩 M_s，如图 2.31(a)所示。另一种情况，屈服阶段为锯齿状曲线，屈服阶段中的最小扭矩即为屈服扭矩 M_s，如图 2.31(b)所示。

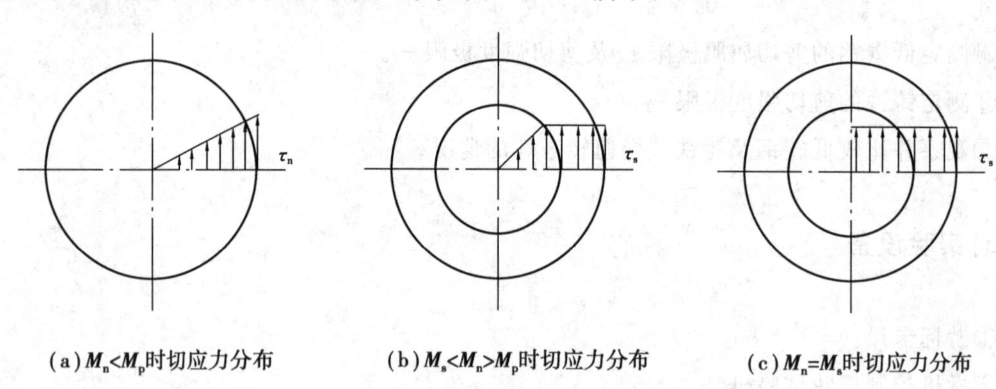

图 2.32　横截面切应力分布图

根据静力平衡条件，可以求得 τ_s 与 M_s 的关系为

$$M_s = \int_A \rho\tau_s \mathrm{d}A$$

将式中 $\mathrm{d}A$ 用环状面积元素 $2\pi\rho\mathrm{d}\rho$ 表示，则有

$$M_s = \int_0^{\frac{d}{2}} 2\pi\tau_s\rho^2 \mathrm{d}\rho = \frac{\pi d^3}{12}\tau_s = \frac{4}{3}W_p\tau_s$$

故剪切屈服极限为

$$\tau_{s} = \frac{3}{4} \times \frac{M_{s}}{W_{p}}$$

式中　W_p——抗扭截面模量，$W_p = \frac{\pi d^3}{16}$。

试样再继续变形，材料进一步强化，到达 $M_n—\varphi$ 曲线上的 C 点，试样发生断裂。剪切强度极限为

$$\tau_{b} = \frac{3}{4} \times \frac{M_{b}}{W_{p}}$$

铸铁的 $M_n—\varphi$ 曲线如图 2.33 所示，从开始受扭直到破坏近似一条直线。

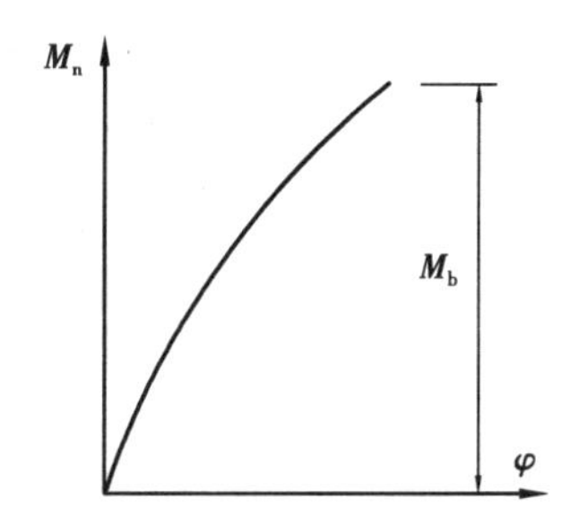

图 2.33　铸铁试样扭转图

图 2.34　纯剪应力状态

试件受扭，材料处于纯剪切应力状态，在垂直于杆轴和平行于杆轴的各平面上作用着切应力，而与杆轴成 45°角的螺旋面上则分别只作用着 $\sigma_1 = \tau, \sigma_3 = -\tau$ 的主应力，如图 2.34 所示。观察到低碳钢试样沿横截面剪断，说明低碳钢材料的抗剪能力低于抗拉能力，故试样沿横截面剪断，如图 2.35(a)所示；而铸铁的抗拉能力低于抗剪能力，故试样从表面上某一最弱处，沿与轴线成 45°方向拉断成一螺旋面，如图 2.35(b)所示。

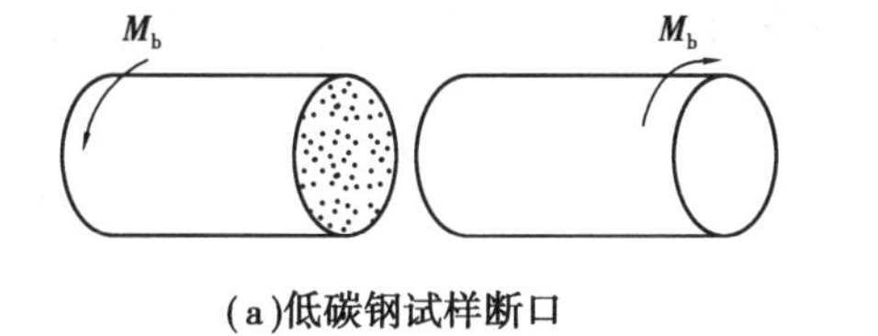

(a)低碳钢试样断口

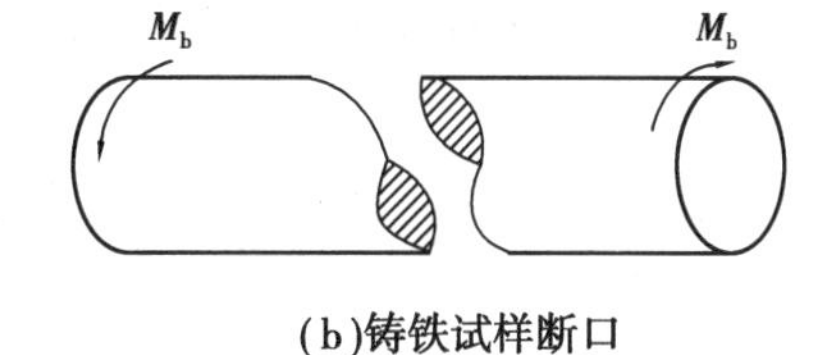

(b)铸铁试样断口

图 2.35　受扭试件断口

4)实验步骤

①用游标卡尺测量试样直径，在试样的中央和两端共测 3 处，取平均值。

②用粉笔在试样表面上画一纵向直线，以便观察试样的扭转变形情况。

③微机控制扭转试验机的操作方法见上节。

④试样被扭断后停机，取下试样，注意观察试样破坏断口形貌。

⑤结束试验，将试验机复位并整理现场。

5)实验数据处理

①从计算机绘出的 $M_n—\varphi$ 曲线上可以读出屈服扭矩 M_s 和最大扭矩 M_b。为了实验结果相互之间的可比性,根据国标《金属室温扭转试验方法》(GB/T 10128—2007)的规定,低碳钢扭转剪切屈服极限 τ_s 及剪切强度极限 τ_b 按式(2.14)和式(2.15)计算

$$\tau_s = \frac{M_s}{W_p} \tag{2.14}$$

$$\tau_b = \frac{M_b}{W_p} \tag{2.15}$$

式中　W_p——抗扭截面模量,$W_p = \frac{\pi d_0^3}{16}$。

②铸铁的剪切强度极限 τ_b 计算

$$\tau_b = \frac{M_b}{W_p} \tag{2.16}$$

6)注意事项

低碳钢试样在弹性阶段和屈服阶段,加载速度要尽量缓慢,试样进入强化阶段后可将加载速度适当加快。铸铁试样扭转实验应始终采用慢速加载试验。

思考题

1.为什么低碳钢试样扭转破坏断面与横截面重合,而铸铁试样是与试样轴线成 45°螺旋断裂面?

2.根据低碳钢和铸铁拉伸、压缩、扭转实验的强度指标和断口形貌,分析总结两类材料的抗拉、抗压、抗剪能力。

2.13　低碳钢材料切变模量的测定

1)实验目的

①测定低碳钢材料的切变模量 G,并验证剪切虎克定律。

②掌握扭角仪的原理及使用方法。

2)实验设备

①圆轴扭转测试仪。
②游标卡尺。

3)实验原理

试样扭转时,在弹性阶段内,扭矩 M_n 与扭转角 φ 成正比,可用虎克定律计算扭转角 φ。

$$\varphi=\frac{M_nL}{GI_P} \tag{2.17}$$

式中 I_P——试样的极惯性矩,对圆形截面,$I_P=\frac{\pi d_0^4}{32}$;

M_n——施加于试样的扭矩;

L——试样的标距或扭转测试仪的标距;

G——试样材料的切变模量。

用圆轴扭转测试仪(或扭角仪)测定低碳钢材料的切变模量 G,其实验装置如图 2.36 所示。

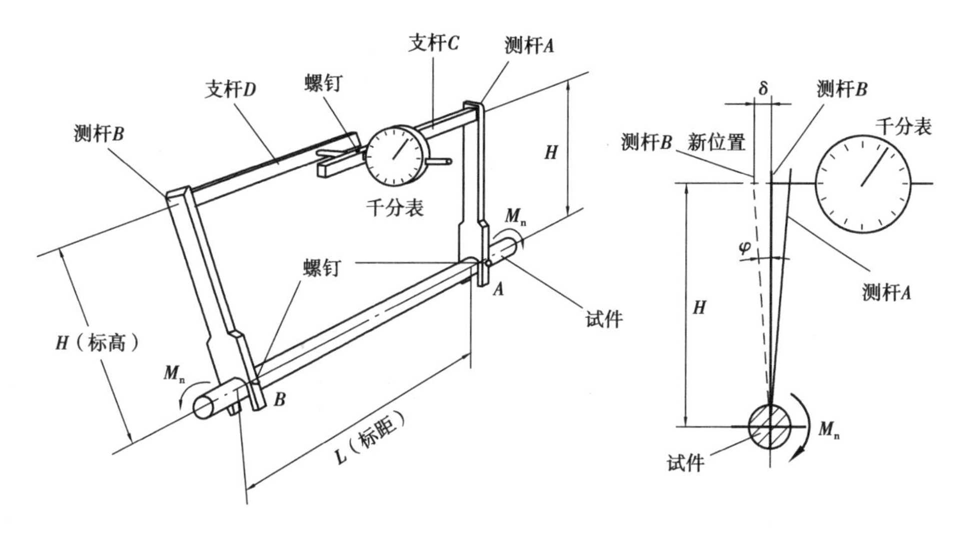

图 2.36 圆轴扭转测试仪原理图

测试仪的测杆 A 与 B 分别固定在试样的 A、B 两截面上,两截面之间的距离称为扭转仪的标距,用 L 表示。当试样受到扭矩 M_n 的作用后,A、B 两截面将发生相对转动。由于测杆 A 上的千分表读数反映出支杆 C 和 D 的相对位移 δ,所以 A、B 两截面的相对转角便可依几何关系求得:

$$\varphi = \tan\varphi = \frac{\delta}{H} \tag{2.18}$$

试验时采用逐级加载法。在弹性阶段内用不少于 4 级的扭矩加载,每次扭矩增量均为 ΔM_n,则每次测得的扭转角增量亦大致相等,这就验证了剪切虎克定律。根据各次测得的扭转角增量的平均值 $\Delta\varphi$,便可由式(2.19)计算材料的切变模量 G。

$$G = \frac{\Delta M_n L}{\Delta\varphi I_P} \tag{2.19}$$

4)实验步骤

①用游标卡尺在试样标距两端及中间处两个相互垂直方向上各测一次直径,取 3 处测得直径的算术平均值计算试样的极惯性矩。

②在试样上安装扭转测试仪的两根测杆 A 及 B,并用卡板校准标距 L 及标高 H,一般标距 L=150 mm,H=100 mm。

③安装百分表,注意百分表不能夹得过紧或过松。

④逐级加砝码,每加一级砝码,便读百分表一次。

⑤卸载并整理数据,计算切变模量 G。

3 电测应力实验

3.1 电测法简介

实验应力分析方法就是用实验技术解决力学问题的方法，其中电阻应变测量技术（又称电测法）是实验应力分析中的重要方法之一。

电阻应变测量技术是用电阻应变计测定构件的表面应变，再根据应力、应变的关系式，确定构件表面应力状态的一种实验应力分析方法，它的主要优点有：

1）测量精度高

电测法利用电阻应变仪测量应变具有较高的精度，可分辨的应变值为 1×10^{-6}（工程上称为 1 微应变，记作 1 $\mu\varepsilon$）。

2）传感元件小

电测法以电阻应变计为传感元件。它的尺寸可以很小，最小标距可达 0.2 mm，可粘贴到构件的很小部位上以测取局部应变。利用由电阻应变计组成的应变花，可以测量构件表面一点处的应变状态，应变计的质量很小，其惯性影响甚微，故能适应高速转动等动态测量。

3）测量范围广

电阻应变计能适应高温、低温、高压、远距离等各种环境下的测量。它不仅能传感静载下的应变,也能传感频率从零到几万赫兹的动载下的应变。此外,如将电阻应变仪配以预调平衡箱,可以进行多点测量。

电测法也有局限性,例如,一般情况下,只便于构件表面应变的测量;又如在应力集中的部位,若应力梯度很大,则测量误差较大。

3.2 电阻应变片

电阻应变计又称电阻应变片,简称应变片,是一种测量物体表面应变的器件。电阻应变片具有结构简单、性能稳定可靠、灵敏度高、频响范围宽等特点。此外,将电阻应变片粘贴到各种弹性元件上还可以制成测量位移、力、加速度的传感器,因此,电阻应变片是使用最为广泛的应变测量器件。

电阻应变片的基本结构如图 3.1 所示。将高电阻率、低温度系数合金材料制成的敏感丝栅固定在胶膜基底和覆盖层之间,接上引线后即构成电阻应变片。胶膜基底起固定丝栅、绝缘和固定引出线的作用。图 3.1 中 L、b 分别表示丝栅的长度和宽度。

敏感丝栅相当于一个电阻元件,电阻值 R 与丝栅材料的电阻率 ρ、丝栅的标距长度 L 成正比,与金属丝栅的横截面积 A 成反比,即

$$R \propto \rho \frac{L}{A} \tag{3.1}$$

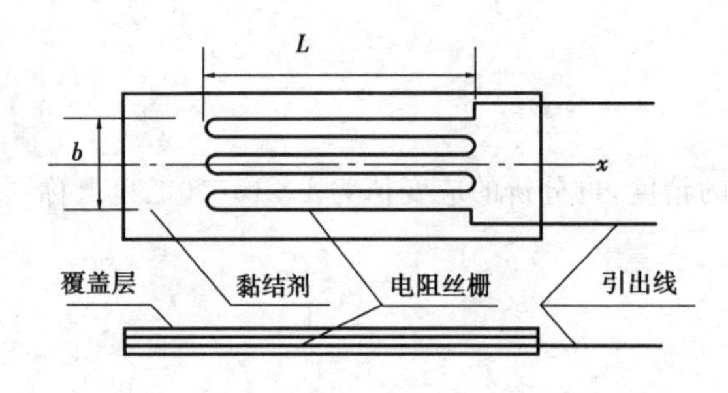

图 3.1 丝绕式应变片的构造

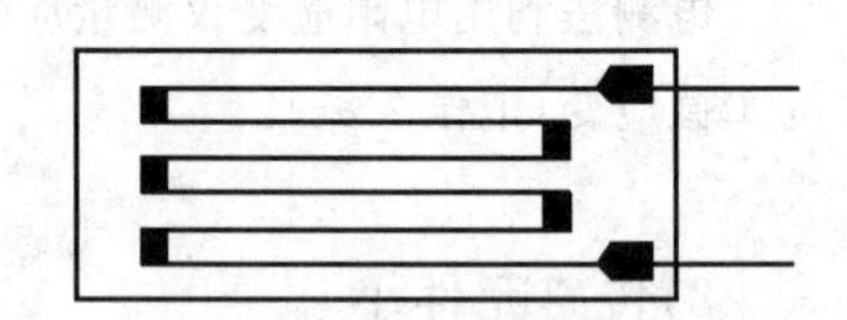

图 3.2 箔式应变片

粘贴在物体上的应变片感受到物体变形时,丝栅标距长度 L 和横截面积 A 均会发生改变。相应地,丝栅电阻 R 发生改变 ΔR。在小变形时,电阻变化率 $\Delta R/R$ 与丝栅标距长度的变化率 $\Delta L/L$ 成正比,即

$$\frac{\Delta R}{R} = K\frac{\Delta L}{L} \tag{3.2}$$

式中 $\Delta L/L$ ——应变片丝栅范围内物体沿丝栅方向的平均线应变 ε;

K ——比例系数,称为应变片的灵敏度系数。

由此可知，只要测出 ΔR，就可以测得物体的线应变 ε，亦即

$$\frac{\Delta R}{R} = K\varepsilon \qquad (3.3)$$

常用的应变片有：丝绕式应变片（如图 3.1 所示）、箔式应变片（如图 3.2 所示）等。它们均属于单轴式应变片，即一个基底上只有一个敏感栅，用于测量沿栅轴方向的应变。如图 3.3 所示，在同一基底上按一定角度布置了几个敏感栅，可测量同一点沿几个敏感栅栅轴方向的应变，因而称为多轴应变片，俗称应变花。应变花主要用于测量平面应力状态下构件表面一点处的主应变和主方向。

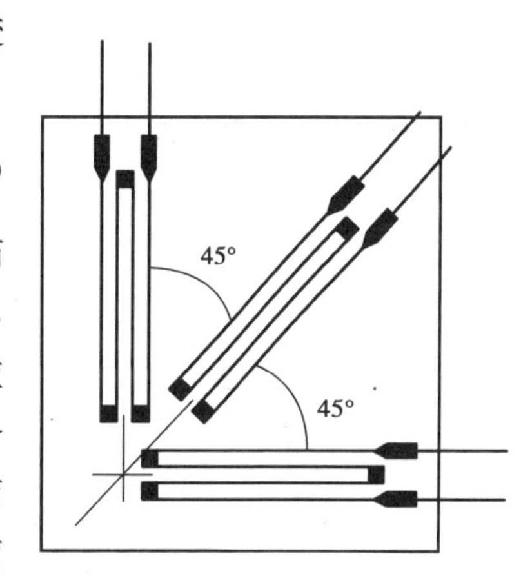

图 3.3　45°直角应变花构造示意图

3.3　应变电桥原理

在使用应变片测量应变时，必须用适当的方法测量其电阻值的微小变化。为此，一般是把应变片接入某种电路，让其电阻值的变化对电路进行某种控制，使电路输出一个能模拟该电阻值变化的信号，然后对这个电信号进行相应处理就行了。常规电测法使用的电阻应变仪的输入回路叫做应变电桥，它是以应变片作为其部分或全部桥臂的四臂电桥，它能把应变片电阻值的微小变化转换成输出电压的变化。在此，仅以直流电压电桥为例加以说明。

1)应变电桥原理

通常，被测物体发生微小变形时，应变片的电阻变化 ΔR 是很小的（对于电阻是 120 Ω 的应变片，ΔR 一般不超过 0.3 Ω），直接精确测量 ΔR 的值相当困难，通常采用惠斯登电桥进行测量。

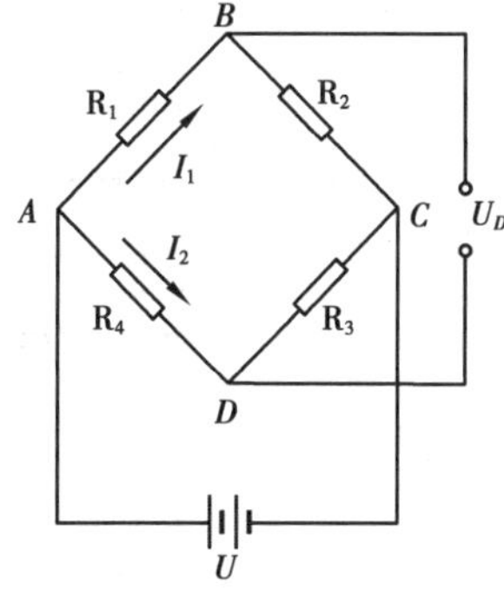

图 3.4　惠斯登电桥

电阻应变仪中的惠斯登电桥原理如图 3.4 所示。AB、BC、CD、DA 称为电桥的 4 个臂，R_1、R_2、R_3、R_4 称为桥臂电阻。U 为桥压，U_{DB} 是电桥的输出电压。设流经 R_1 的电流为 I_1，流经 R_4 的电流为 I_2。输出电压为

$$U_{DB} = U_{AB} - U_{AD} = I_1R_1 - I_2R_4 \qquad (3.4)$$

其中：$I_1 = \dfrac{U}{R_1 + R_2}$，$I_2 = \dfrac{U}{R_3 + R_4}$，代入式(3.4)得：

$$U_{DB}=\left(\frac{R_1}{R_1+R_2}-\frac{R_4}{R_3+R_4}\right)U=\frac{R_1R_3-R_2R_4}{(R_1+R_2)(R_3+R_4)}U \tag{3.5}$$

当 $U_{DB}=0$ 时，称电桥处于平衡状态。由于桥压 $U\neq0$，所以电桥的平衡条件为

$$R_1R_3-R_2R_4=0 \tag{3.6}$$

设电桥 4 个桥臂的电阻改变量分别为 ΔR_1、ΔR_2、ΔR_3 和 ΔR_4，由式(3.5)得电桥的输出电压为

$$U_{DB}+\Delta U_{DB}=U\frac{(R_1+\Delta R_1)(R_3+\Delta R_3)-(R_2+\Delta R_2)(R_4+\Delta R_4)}{(R_1+\Delta R_1+R_2+\Delta R_2)(R_3+\Delta R_3+R_4+\Delta R_4)} \tag{3.7}$$

在电测法中，若电桥的 4 个桥臂均为粘贴在构件上的应变片，构件受力后，电阻应变片的电阻变化 ΔR_i（$i=1,2,3,4$）与 R_i 相比，一般是非常微小的。因而式(3.7)中 ΔR_i 高次项可以省略。分母中 ΔR_i 相对于 R_i 也可以省略。于是

$$U_{DB}+\Delta U_{DB}=U\frac{R_1R_3+R_1\Delta R_3+\Delta R_1R_3-(R_2R_4+R_2\Delta R_4+R_4\Delta R_2)}{(R_1+R_2)(R_3+R_4)} \tag{3.8}$$

由式(3.8)减去式(3.5)，得

$$\Delta U_{DB}=U\frac{R_1\Delta R_3+\Delta R_1R_3-R_2\Delta R_4-R_4\Delta R_2}{(R_1+R_2)(R_3+R_4)} \tag{3.9}$$

这就是因电桥桥臂电阻发生变化而引起的电桥输出端的电压变化。如果电桥的 4 个桥臂为相同的 4 枚电阻应变片，其初始电阻都相等，即 $R_1=R_2=R_3=R_4=R$，则式(3.9)变为

$$\Delta U_{DB}=\frac{U}{4}\left(\frac{\Delta R_1}{R}-\frac{\Delta R_2}{R}+\frac{\Delta R_3}{R}-\frac{\Delta R_4}{R}\right) \tag{3.10}$$

将 $\frac{\Delta R}{R}=K\varepsilon$ 代入式(3.10)则有

$$\Delta U_{DB}=\frac{KU}{4}(\varepsilon_1-\varepsilon_2+\varepsilon_3-\varepsilon_4) \tag{3.11}$$

应变仪的读数为

$$\varepsilon_{仪}=\varepsilon_1-\varepsilon_2+\varepsilon_3-\varepsilon_4 \tag{3.12}$$

式(3.12)表明，由应变片感受到的应变 $\varepsilon_1-\varepsilon_2+\varepsilon_3-\varepsilon_4$，通过电桥可以线性地转变为电压的变化 ΔU_{DB}。只要对 ΔU_{DB} 进行标定(校准)，就可用仪表指示出所测定的应变 $\varepsilon_1-\varepsilon_2+\varepsilon_3-\varepsilon_4$。式(3.10)和式(3.12)还表明，相邻桥臂的电阻变化率(应变)相减，相对桥臂的电阻变化率(应变)相加，这一性质称为电桥输出的加减特性。在电测应力分析、应变式传感器电桥电路中合理地利用这一性质，将有利于提高测量的灵敏度并降低测量误差。此外，在温度补偿、消除偏心荷载的影响、提取所需应变成分等场合，都要用到电桥输出这一特性。式(3.11)是在桥臂电阻改变很小，即小应变条件下得出的，在弹性变形范围内，其误差低于 0.5%，可见有足够的精度。

2)温度效应的补偿

贴有应变片的构件总是处在某一温度场中。当温度发生变化时会引起应变片电阻丝栅

电阻值的变化，这种现象称为温度效应。电阻丝栅电阻值随温度的变化率可近似地看作与温度成正比。温度变化对电桥的输出电压影响很大，严重时，每升温 1 ℃，电阻应变片中可产生数十微应变。显然，这是非被测(虚假)的应变，必须设法予以消除。消除温度应变的方法称为温度补偿法。根据电桥的性质，从理论上讲温度补偿并不困难。只要用一个应变片作为温度补偿片，将它粘贴在一块与被测构件材料相同但不受力的试件上，将此试件和被测构件放在一起，使它们处于同一温度场中。粘贴在被测构件上的应变片称为工作片。连接电桥时，使工作片与温度补偿片处于相邻的桥臂，如图 3.5 所示。因为工作片和温度补偿片的温度始终相同，所以它们因温度变化所引起的电阻值的变化也相同，温度应变等值同号，又因为它们处于电桥相邻的两臂，应变仪的读数为：

$$\varepsilon_{仪} = \varepsilon_{1t} - \varepsilon_{2t} = 0$$

ε_{1t}、ε_{2t} 分别为 R_1 和 R_2 因温度变化产生的温度应变，所以电桥并不产生输出电压，从而使得温度效应的影响被消除。

必须注意，工作片和温度补偿片的电阻值、灵敏系数以及电阻温度系数应相同，分别粘贴在受力构件上和不受力的试件上，以保证它们因温度变化所引起的应变片电阻值的变化相同。

3.4 测量电桥的接桥法

应变片感受的是构件表面某点的拉应变或压应变。在有些情况下，该应变可能与多种内力(比如轴力和弯矩)有关。有时，只需测量出与某种内力所对应的应变，而要把与其他内力所对应的应变从总应变中排除掉。显然，应变片本身不会分辨各种应变成分，但是只要合理地选择粘贴应变片的位置和方向，并把应变片合理地接入电桥，就能利用电桥的性质，从比较复杂的组合应变中测量出指定的应变。

应变片在电桥中的接法常有以下 3 种形式：

1)半桥单臂接桥法

如图 3.5 所示，将一个工作片接入 *AB* 桥臂，温度补偿片接入 *BC* 桥臂，另两个桥臂接仪器内部的固定电阻 R_3、R_4。

如果工作片的应变为 ε_1，则电桥的输出电压为

$$\Delta U_{DB} = \frac{KU}{4}\varepsilon_1 \tag{3.13}$$

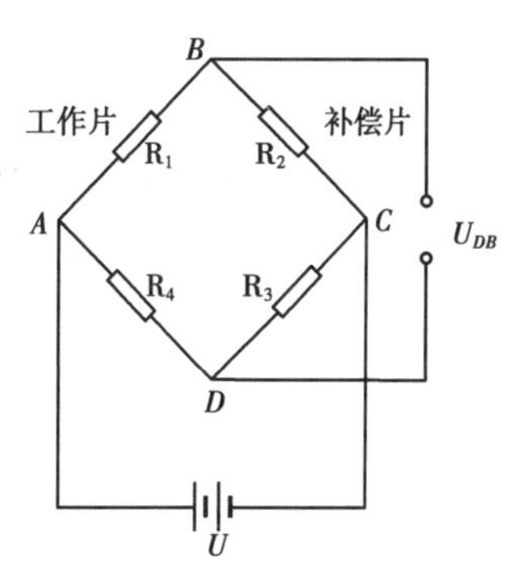

图 3.5 半桥单臂接桥

应变仪的读数为

$$\varepsilon_{仪} = \varepsilon_1 \tag{3.14}$$

半桥单臂接桥时应变仪的读数等于测点的应变。

2)半桥双臂接桥法

如图 3.6 所示，将两个工作片接入电桥的两个相邻桥臂，另两个桥臂接仪器内部的固定电阻 R_3、R_4，两个工作片同时互为温度补偿片。如果工作片 R_1 和 R_2 的应变分别为 ε_1 和 ε_2，则电桥的输出电压为

$$U_{DB} = \frac{KU}{4}(\varepsilon_1 - \varepsilon_2) \tag{3.15}$$

应变仪的读数为

$$\varepsilon_{仪} = \varepsilon_1 - \varepsilon_2 \tag{3.16}$$

半桥双臂接桥时应变仪的读数等于两个测点应变之差。

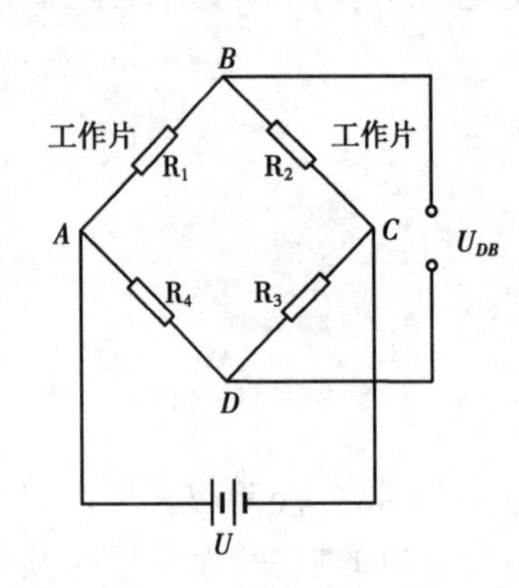

图 3.6　半桥双臂接桥

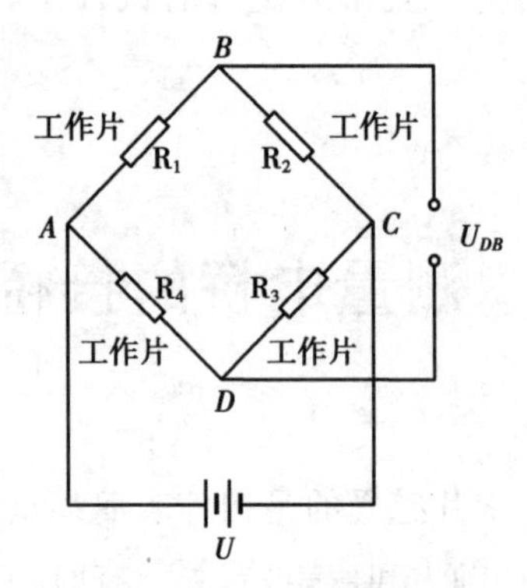

图 3.7　全桥四臂接桥

3)全桥接桥法

如图 3.7 所示，电桥的 4 个桥臂全部接入工作片。

如果工作片的应变分别为 ε_1、ε_2、ε_3 和 ε_4，则电桥的输出电压为

$$U_{DB} = \frac{KU}{4}(\varepsilon_1 - \varepsilon_2 + \varepsilon_3 - \varepsilon_4) \tag{3.17}$$

应变仪的读数为：

$$\varepsilon_{仪} = \varepsilon_1 - \varepsilon_2 + \varepsilon_3 - \varepsilon_4 \tag{3.18}$$

全桥四臂接桥法时应变仪的读数为 4 个测点的应变代数和。

必须注意，接入同一电桥各桥臂的应变片(工作片或温度补偿片)的电阻值、灵敏度系数和电阻温度系数均应相同。

应变片在构件上的布置可根据具体情况灵活采取各种不同的方法。应变片在构件上的布置和在电桥中的接法可参见有关资料。

3.5 静态电阻应变仪

电阻应变片是一种电阻式传感器，它是以自身电阻变化来反应需要测量的构件应变。静态应变仪则是测量电阻应变式传感器的一种专用仪器。随着电子工业和测控技术的发展，应变仪也经历了一个发展阶段，即第一代“指针式”应变仪，第二代“双桥零读式”应变仪，第三代“数显式”应变仪和第四代“数字式”应变仪。按供桥方式，可以分为直流测量和交流测量。YE2539 型程控静态应变仪(如图 3.8 所示)即为第四代应变仪，它采用了智能化仪表测量技术，提高了测量系统的稳定性和可靠性。

1)应变仪结构

应变仪由测量电桥、开关切换电路、信号调理电路、A/D 转换器、单片机和计算机等部分组成，图 3.8 为其结构原理图。

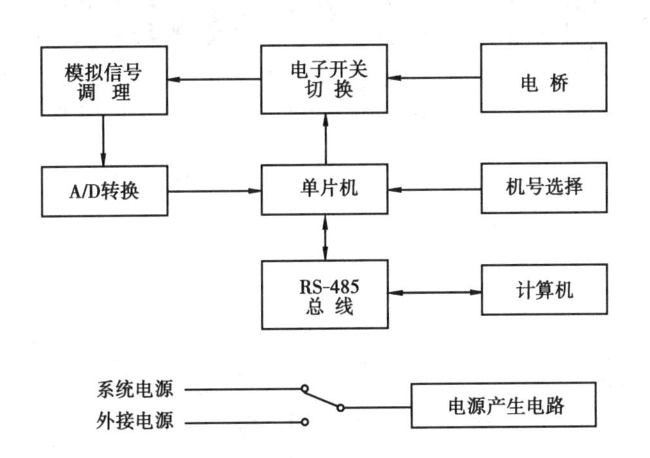

图 3.8 YE2539 高速应变仪原理图

应变仪一般提供测量用接线端子，用以接入由应变片组成的一个或多个测量电桥。通过运行控制软件，在参数输入界面选择通道，提供通道选择编码给单片机系统，单片机系统解码后，控制开关切换电路完成通道选择，将对应的测量电桥接入到信号调理电路，调理电路对应变测量信号进行放大、滤波后，传输到 A/D 转换器，经模数转换后，形成数字信号。因为应变电桥的输出电压 U_{DB} 与 $\varepsilon_1-\varepsilon_2+\varepsilon_3-\varepsilon_4$ 成正比，所以只要经过标定，就可以使显示的数值直接

等于 $\varepsilon_1-\varepsilon_2+\varepsilon_3-\varepsilon_4$，这部分的数据处理工作通过单片机完成，然后通过计算机屏幕以应变形式显示出来。经单片机处理的数据通过 RS-485 总线与计算机系统进行数据交换。

2)仪器特点

YE2539 型程控静态应变仪采用了单片机测控技术，它具有如下特点：

①具有 10 个测点，提供了一路公共补偿桥路端子，0～9 通道用于应变测量，如图 3.8 所示。

②测量电桥平衡调节自动化。其调节原理是，计算机系统在测试前会记录一个初始值，并予以保存，同时将显示单元归零，测量时将测量值与初始值相减，从而获得真实测量结果。

③具备应变片灵敏度系数的设定、应变片电阻输入、桥路选择以及修正系数、工程单位输入等相关功能。

3)桥路接线

YE2539 应变仪接线端子面板如图 3.9 所示。

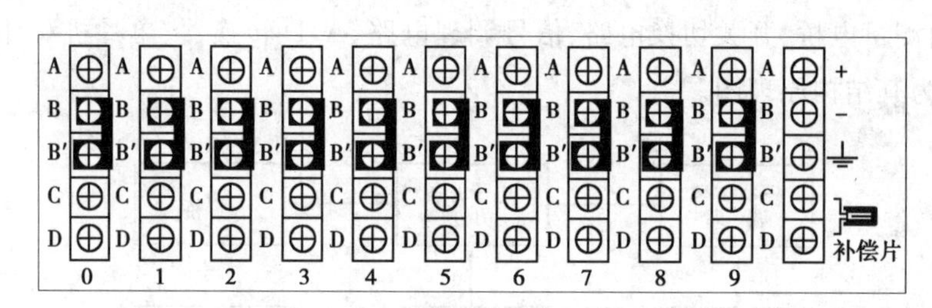

图 3.9　YE2539 应变仪接线端子面板

应变片在应变仪上的接桥方式如下：

①应变片在测点端子上的半桥单臂连接如图 3.10 所示。

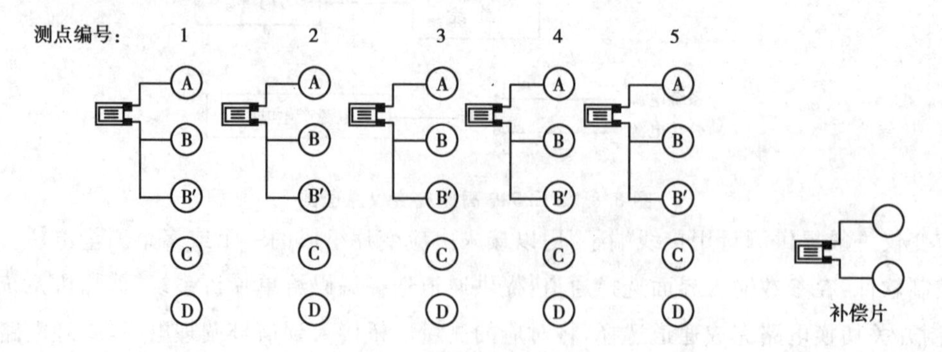

图 3.10　半桥单臂连接

②应变片在测点端子上的半桥双臂连接如图 3.11 所示。

③应变片在测点端子上的全桥四臂连接如图 3.12 所示。

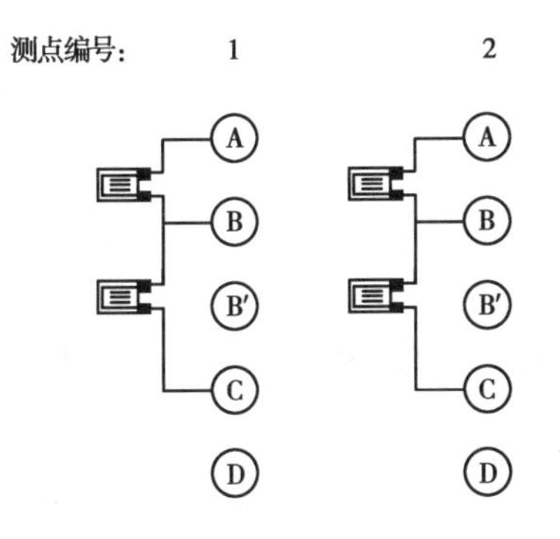

图 3.11 半桥双臂连接

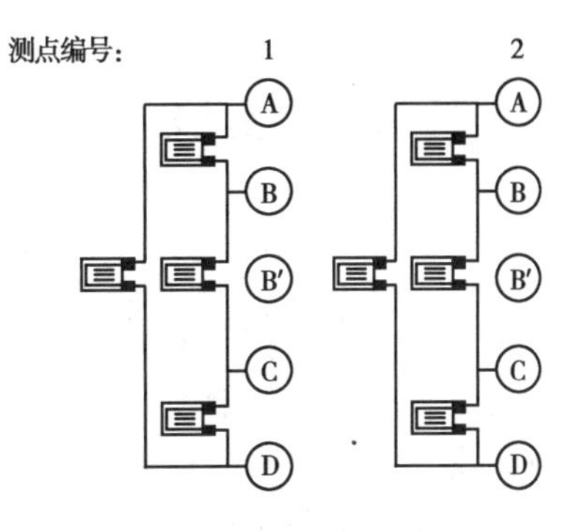

图 3.12 全桥四臂连接

最后一排端子提供外接电源的接线端子、公共补偿接法时补偿片接线端子及仪器的接地端子。

4)YE2539 型程控静态应变仪的使用方法

①将 YE2539 应变仪 RS-485 接口用通讯电缆与计算机 USB 接口相连接。

②将应变片正确地接入 YE2539 应变仪的桥路。

③打开各供电电源,使每个 YE2539 及 YE29005 电源指示灯点亮。

④运行 YE2539 控制软件,软件将自动联机检测在线的 YE2539。如检测不到,请检查系统连接或更换串行口。

⑤参数设置。系统联机正常后,将弹出"参数设置"窗口。在此窗口中输入各参数,确认后,软件将这些设置的参数传送给 YE2539 即可进入测量待命状态。也可点"取消"打开以前设置的文件继续测量,但前提是本次的系统参数与打开的文件参数相同。各参数说明如下:

- 开关——选择该点是否需要测量;
- 电桥连接形式——根据实际的连接形式设置该参数;
- 电阻——设置该点的应变片电阻值;
- 灵敏系数——设置应变片的灵敏度系数;
- 弹性模量——设置该点材料的弹性模量,一般设为"1";
- 泊松比——设置该点材料的泊松比,一般设为"0";
- 修正系数——在不输入修正公式的情况下,软件将根据每种接线形式按照缺省公式计算,在输入修正公式后软件将根据修正公式计算该点的值;
- 工程单位——选择该点的工程单位,一般设为"$\mu\varepsilon$"。

⑥参数设置完成后,点击平衡按钮,进行自动平衡。

⑦点击扫描按钮,进行应变测量(用试扫描测量,数据不存盘)。

3.6 数字测力计

应变片式传感器若与电阻应变仪联合使用,经标定后,可测出荷载或变形的数值。若与数字测力计或变形显示器配合,则可直接将荷载或变形显示出来。

现以数字测力计为例扼要说明其原理。当荷载传感器受荷载作用时,传感器上由应变片组成的电桥以微电压信号 ΔU 输入测力计。测力计的电路原理与数字应变仪相同,在接受 ΔU 后,经过放大和 A/D 转换器转换,最后由数字显示表头显示出数字量。显示的数字量原为 ΔU 的值,但这个数字量又与传感器所受的荷载成正比,因而经过标定可使数字表头显示的数字即为传感器所受的荷载值。

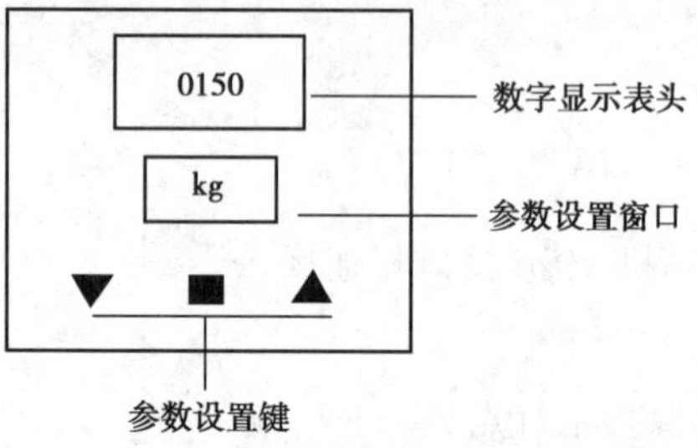

0150
数字显示表头
kg
参数设置窗口
参数设置键

图 3.13　BZ2216 型数字测力计面板图

有的数字测力计附有峰值保持电路,按下峰值保持键,能保持试验过程中荷载的最大值。

图 3.13 为 BZ2216 型数字测力计的面板图。使用时,接上传感器,打开电源开关预热几分钟,用参数设置键设置量程、传感器灵敏度、单位及仪器编号等,按调零键调零后,即可开始测量。传感器和数字测力计是相互配套使用的,即使更换了同一型号的传感器,由于输出灵敏度总有一些差异,仍需重新设定传感器灵敏度方可使用。

3.7 电阻应变片的粘贴实验

1)实验目的

①初步掌握应变片的粘贴技术。

②学习贴片质量检查的一般方法。

2)设备及器材

①电阻应变仪。

②轴向拉伸扁钢试样及补偿块。

③数字万用表、低压兆欧表。

④应变片、502 快干胶(氰基丙烯酸乙酯粘结剂)、连接导线及接线端子片。

⑤石蜡或硅橡胶密封剂。

⑥其他工具和材料,如砂布、丙酮或酒精、药棉等清洗材料,电烙铁、镊子、电吹风等工具。

3)应变片粘贴工艺

电测应力分析中,构件表面的应变通过粘结层传递给应变片。测量数据的可靠性很大程度上依赖于应变片的粘贴质量,这就要求粘结层薄而均匀,无气泡,充分固化,既不产生蠕滑又不脱胶。应变片的粘贴全由手工操作,要达到位置准确、质量优良,全靠反复实践积累经验。应变片的粘贴工艺包括下列几个过程:

(1)应变片的筛选

应变片的丝栅或箔栅要排列整齐无弯折,无锈蚀斑痕,底基不能有局部破损。经筛选后的同一批应变片(包括工作片和补偿片),要用数字万用表或电桥逐片测量电阻值,按多数应变仪和预调平衡的要求,其电阻值相差不应超过 0.6 Ω。

(2)试样表面处理

为使应变片粘贴牢固,试样粘贴应变片的部位应刮去油漆层,打磨锈斑,除去油污。表面光洁度达到▽5。表面为贴片而经过处理的面积应大于应变片底基面积的 3 倍。若表面过于光滑,则用细砂布打出与应变片轴线成 45°的交叉纹路。打磨平整后,用划针沿贴片方位划出定位坐标线。

贴片前,用蘸有丙酮(或酒精)的药棉清洗试样的打磨部位,直至药棉上不见污渍为止。待丙酮挥发,表面干燥,方可进行贴片。

(3)应变片粘贴

常温应变片的黏结剂有 502(或 501)快干胶、环氧树脂胶等。在寒冷或潮湿的环境下,贴片前,最好用电吹风使试样贴片部位加热至 30～40 ℃。贴片时,在粘贴表面先涂一薄层黏结剂,用手指捏住(或镊子钳住)应变片的引出线,在基底上也涂上黏结剂,即刻放置于试样上,且使应变片基准线对准刻于试样上的定位坐标线。盖上聚氯乙烯透明薄膜,用拇指沿应变片轴线朝一个方向滚压,手感由轻到重,挤出气泡和多余的胶水,保证粘结层尽可能薄而均匀,且避免应变片滑动或转动。必要时加压 1～2 min,使应变片粘牢。经过适宜的干燥时间后,轻轻揭去聚氯乙烯薄膜,观察粘贴情况。如在敏感栅部位有气泡,应将应变片铲除,清理后重新贴片;若敏感栅部位粘牢,只是基底边缘翘起,则只要在局部补充粘贴即可。

应变片粘贴后要待黏结剂完全固化才可使用。不同种类的黏结剂固化要求各异,502 胶可自然固化,但加热到 50 ℃左右可加速固化。加热一般用恒温箱、反射炉、红外线灯或电吹风等。黏结剂固化前,用镊子把应变片引线拉起,使它不与试样接触。紧靠应变片底部粘贴绝缘胶带,将应变片引线与试样隔离开。

(4)导线的连接和固定

连接应变片和应变仪的导线,一般可用聚氯乙烯双芯多股铜导线。在强磁场环境中测量最好用多股屏蔽线,水下测量的塑料导线的外皮不能有局部损伤。导线与应变片引出线的连接最好用接线端子片作为过渡,如图 3.14 所示。接线端子片用 502 胶固定在试样上,导线头和接线端子片上的铜箔都预先挂锡,然后将应变片引出线和导线焊接在端子片上。不论用何种方法连接都不能出现“虚焊”。最后,用胶带将导线固定在试样上。

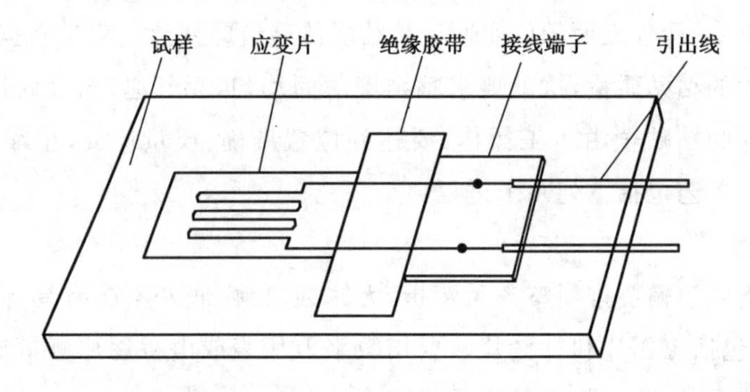

图 3.14　应变片的粘贴

(5)应变片粘贴工艺的质量检查

贴片质量的好坏是电测成败的关键,还需要外观质量和内在质量的保证。

①外观质量:粘贴于构件上的应变片应是胶层薄而均匀,透过敏感栅黏结剂具有透明感。敏感栅部位有气泡、应变片局部隆起、应变片发生折皱等,这些都是不允许的,应铲除重贴。构件如非良好的绝缘体,应变片引出线不能直接与构件接触,以免形成短路而影响测试数据的稳定性。

②内在质量:应变片粘贴完成后,用数字万用表测量其电阻值。贴片前后,应变片的电阻应无较大变化。否则,说明粘贴时应变片受过折皱,最好重贴。黏结剂固化后,用低压兆欧表测量引线与构件间的绝缘电阻。短期测量使用的应变片,绝缘电阻要求为 50～100 MΩ;长期测量或高湿度环境或水下测量,绝缘电阻要求在 500 MΩ 以上。绝缘电阻的高低是应变片粘贴质量的重要指标,绝缘电阻偏低,应变片的零飘、蠕变、滞后都较严重,将引起较大的测量误差。黏结剂未充分固化也会引起绝缘电阻偏低,可用电吹风加热以加速固化。

导线焊接后,应再一次测量电阻值和绝缘电阻。由于导线的电阻,使测出的电阻值略有增加是正常的。但如读数漂移不定,一般是焊接不良所致,应重新焊接。导线连接后的绝缘电阻如发现低于导线连接以前的值,一般是接线端子片底基被烧穿引起的,应更换接线端子片。

③质量的综合评定:应变片粘贴工艺质量最终由实测时的表现来评定。应变仪是高灵敏度的仪器,应变片接入应变仪后,那些通过外观检查、万用表测定都难以发现的隐患皆将暴露

无遗。诸如由于电阻值偏差太大使电桥无法平衡、由于虚焊或绝缘电阻过低产生的漂移、由于气泡等原因以致用手轻压应变片引起应变指示较大变化等。这些缺陷都应在正式测量之前，采取措施予以消除。

(6)应变片的防潮保护

粘贴好的应变片，如长期暴露在空气中，会因受潮降低粘结牢度，减小绝缘电阻，严重的会造成应变片剥离脱落。因此应敷设防潮保护层。

常温下的防潮剂有中性凡士林，703，704，705 硅橡胶，环氧树脂，石蜡等。中性凡士林使用简便，但易于揩掉，难以起到长期保护的作用。硅橡胶固化后有一定弹性，环氧树脂固化后较为坚硬，都是良好的防潮保护剂。石蜡防潮剂能长期防潮，按质量比的配方是：石蜡 75%，松香 20%，凡士林 5%。把配好的混合物加热熔化，蒸发水分，搅拌均匀，冷却到 60 ℃左右即可使用。

防潮保护层涂敷之前，可把涂敷部位加热至 40～50 ℃，以保证粘结良好。保护层厚 1～2 mm，周边超出应变片 10～20 mm，最好将焊锡头及接线端子片等都埋入防潮保护剂中。

4)实验步骤及注意事项

(1)实验步骤

①每人应变片 2～3 枚，轴向拉伸扁钢试样一根。

②试样清理后，按照贴片的工艺要求，沿扁钢试样上下两面的纵向和横向各贴一枚应变片。

③检查贴片质量，合格后用 705 硅橡胶防潮剂涂敷保护层。

(2)注意事项

①502 快干胶粘结力很强，且有强烈的刺激异味，应避免过量吸入，如皮肤或衣物被粘住，应以丙酮浸洗，不要用力拉扯。

②应变片引出线与敏感栅的焊点很脆弱，不要拉脱。

思考题

1. 简单总结贴片工艺，重点讨论质量检查中发现的问题。

2. 检查贴片质量时，是否可省略外观质量和内在质量检查两个程序？

3.8 纯弯曲梁正应力实验

1)实验目的

①学习使用应变片和电阻应变仪测定静态应力的基本原理和方法。
②测定梁在纯弯曲时横截面上的应力及其分布情况。
③实验结果与理论值比较,验证理论公式的正确性。

2)实验仪器设备

①YE2539 程控应变仪。
②力学多功能实验台。
③力传感器,数字测力计。

3)实验装置和方法

本实验采用低碳钢或中碳钢制成的矩形截面梁,测试其正应力分布规律的实验装置如图 3.15 所示。通过力学多功能实验台上的加载手轮对简支梁加载,压力 P 作用于加载辅梁的中央,设作用于辅梁中央的荷载为 P,由于荷载对称,支承条件对称,则通过两个挂杆作用于待测梁上 C、D 处的荷载各为 $\frac{P}{2}$。由待测梁的内力图可知 CD 段上的剪力 $Q=0$,弯矩为一常量 $M=\frac{Pa}{2}$,即梁的 CD 段处于纯弯曲状态。

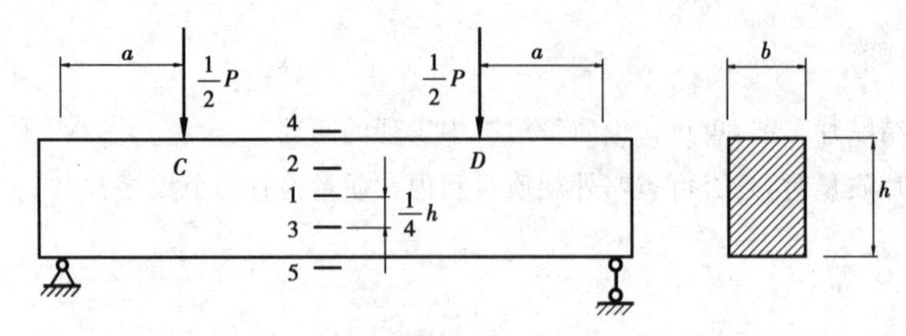

图 3.15 纯弯曲梁正应力实验装置示意图

由于矩形截面梁的 CD 段处于纯弯曲状态,当梁发生变形时其横截面保持平面的假设成立。将梁视作由一层一层的纵向纤维叠合而成并假设纵向纤维间无挤压作用时，纯弯曲梁上的各点处于单向应力状态，且弯曲正应力的方向平行于梁的轴线方向。所以若要测量纯弯曲状态下梁的横截面上的正应力分布规律，可以在梁的 CD 段任一截面上沿不同高度处平行于梁的轴线方向粘贴若干枚电阻应变片，为简便计算，本实验的布片方案为：

如图 3.15 所示，在梁的跨中截面布置 5 个应变片，在梁的中性层粘贴一片，其余 4 片分别粘贴在距中性层 $\frac{h}{4}$、$\frac{h}{2}$ 处（h 为矩形截面梁的高度），此外还在补偿件上布设了一片温度补偿片。

当梁受载后，电阻应变片随梁的弯曲变形而产生伸长或缩短，使自身的电阻改变。根据电测法原理，采用电阻应变仪即可以测出梁横截面上各测点的应变值 $\varepsilon_{实}$。由于本实验梁的变形控制在线弹性范围内，所以依据单向虎克定律即可以求解相应各测点的应力值，即 $\sigma_{实} = E \times \varepsilon_{实}$，$E$ 为梁的弹性模量。

实验是在弹性范围内采用"增量法"逐级加载进行测量，每增加一个等量的荷载 ΔP，就用应变仪测量各点的应变一次，然后逐级加载测量到最后一级。根据测量的结果，即可计算出各点处的应力。

4）实验步骤

①熟悉静态 YE2539 程控应变仪的使用方法。

②选用半桥单臂工作接桥法进行测量（应变仪接线柱 AB 接测量工作片，接线柱 BC 接温度补偿片）。

③请指导教师检查无误后，接通数字测力计、应变仪及计算机电源，运行数据采集软件。

④设置测量参数。

⑤用计算机对各测点进行平衡。

⑥正式试验：按等增量法加载并用计算机扫描测量应变，记录相应的应变值，并随时检查每级 $\Delta\varepsilon$ 是否相等。

⑦选用半桥双臂工作接桥法进行测量，测量步骤与半桥单臂工作接桥法相同。

⑧卸载，试验结束，将应变仪、数字测力计、计算机电源关闭，仪器恢复原状。

5）实验数据处理

（1）理论计算

根据各点测出的应变，计算各点的正应力，并且与理论值比较，从而验证理论公式的正确性。对应荷载增量 ΔP 各测点的理论计算公式为

$$\Delta\sigma_i = \frac{\Delta M}{I_z} y_i (i = 1 \sim 5) \tag{3.19}$$

式中 I_z ——梁横截面对中性轴的惯性矩，矩形截面 $I_z = \frac{bh^3}{12}$；

y_i ——被测点到中性轴的距离；

ΔM ——荷载增量为 ΔP 时的弯矩增量，$\Delta M = \frac{\Delta P}{2} a$。

(2)实测值计算

$$\Delta\sigma_i = E\Delta\varepsilon_i (i = 1 \sim 5) \tag{3.20}$$

式中 E——钢材的弹性模量，$E = 2.1 \times 10^5$ MPa；

$\Delta\varepsilon_i$ ——各级荷载增量时的各测点实测应变增量的平均值。

6)实验报告要求

①实验目的和实验装置示意图。
②记录有关尺寸及弹性模量 E 值。
③各测点在荷载增量 ΔP 时的正应力理论值和实测值的计算结果，比较分析误差原因。
④根据实测值绘制梁正应力沿截面高度的分布图。

思考题

1. 应变片标距的长短对测量结果有无影响？
2. 为什么要把温度补偿片粘贴在与构件相同的材料上？
3. 实验结果是否与理论结果一致，其主要影响因素是什么？

3.9 弯扭组合变形的主应力测定

1)实验目的

①学习用电测法测定平面应力状态下一点处主应力的大小和方向的原理与方法。
②学习使用应变花。

2)仪器设备

①力学多功能实验台。
②荷载传感器,数字测力计。
③YE2539 程控应变仪。

3)弯扭实验装置

弯扭实验装置安装在力学多功能实验台上,装置如图 3.16 所示。测试的试样为薄壁圆管,其一端固定在台架上,另一端在垂直于轴线的方向上安装有扇形加力杆,通过扇形加力杆上的钢丝绳对薄壁圆管试样施加荷载。在钢丝绳与加载手柄之间连接一拉压力传感器,通过数字测力计把传感器的力信号显示出来。

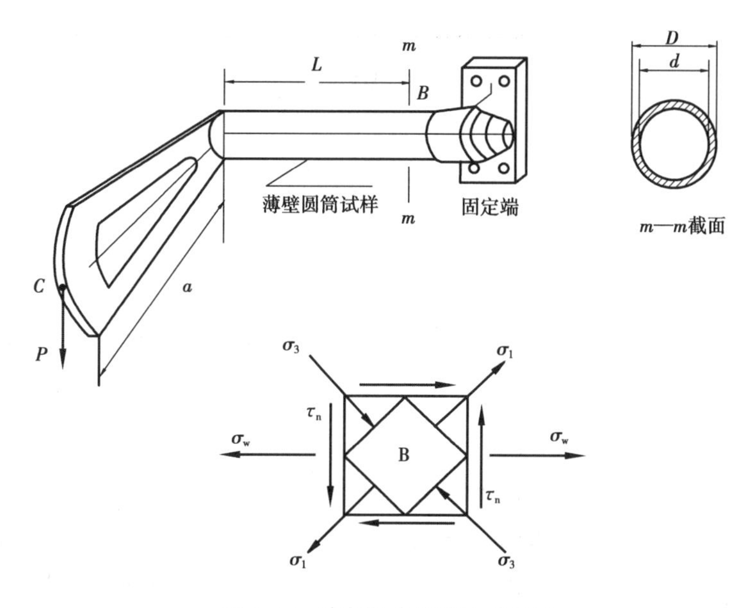

图 3.16 弯扭组合变形实验装置

4)理论分析及计算

当竖向荷载 P 作用在加力杆 C 点时,薄壁圆筒试样发生弯曲与扭转组合变形,B 点所在 $m—m$ 截面的内力有弯矩 M 、剪力 Q 、扭矩 M_n。因此该截面上同时存在弯曲引起的正应力 σ_w ,扭转引起的切应力 τ_n(弯曲引起的切应力比扭转引起的切应力小得多,故在此不予考虑)。由图 3.16 可看出,B 点单元体承受由弯矩产生的弯曲应力 σ_w 和由扭矩产生的切应力 τ_n 的作用。这些应力可根据下列公式计算：

$$\sigma_w = \frac{M}{W_z} \tag{3.21}$$

式中　M——弯矩，$M = PL$；

W_z——抗弯截面模量，$W_z = \frac{\pi D^3}{32}(1-\alpha^4)$。

$$\tau_n = \frac{M_n}{W_p} \tag{3.22}$$

式中　M_n——扭矩，$M_n = Pa$；

W_p——抗扭截面模量，$W_p = \frac{\pi D^3}{16}(1-\alpha^4)$。

$\alpha = \frac{d}{D}$，D 和 d 分别为圆筒的外径和内径。

算出 σ_w 及 τ_n 以后，根据式(3.23)计算出主应力的大小和方向。

$$\begin{aligned}\sigma_1 &= \frac{\sigma_w}{2} + \sqrt{\left(\frac{\sigma_w}{2}\right)^2 + \tau_n^{\ 2}} \\ \sigma_3 &= \frac{\sigma_w}{2} - \sqrt{\left(\frac{\sigma_w}{2}\right)^2 + \tau_n^{\ 2}} \\ \tan 2\alpha_0 &= -\frac{2\tau_n}{\sigma_w}\end{aligned} \tag{3.23}$$

5)实验原理

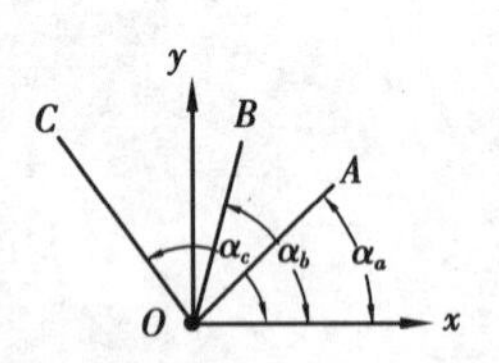

图 3.17　测量一点处沿与 x 轴成 3 个已知方向的线应变

为了用实验方法测定薄壁圆管在弯扭组合变形时试样表面上一点处的主应力大小和方向，首先要在该点处测量应变，确定该点处主应变 ε_1、ε_3 的数值和方向，然后利用广义虎克定律算得主应力 σ_1、σ_3。根据应变分析原理，要确定一点处的主应变，需要知道该点处沿 x、y 两个相互垂直方向的 3 个应变分量 ε_x、ε_y、γ_{xy}。由于在实验中测量切应变很困难，而用电阻应变片测量线应变比较方便，所以，通常采用测量一点处沿与 x 轴成 3 个已知方向的线应变 ε_a、ε_b、ε_c 的方法，如图 3.17 所示。按下列方程组联立求得 ε_x、ε_y、γ_{xy}。

$$\begin{aligned}\varepsilon_a &= \varepsilon_x \cos^2\alpha_a + \varepsilon_y \sin^2\alpha_a + \gamma_{xy}\sin\alpha_a\cos\alpha_a \\ \varepsilon_b &= \varepsilon_x \cos^2\alpha_b + \varepsilon_y \sin^2\alpha_b + \gamma_{xy}\sin\alpha_b\cos\alpha_b \\ \varepsilon_c &= \varepsilon_x \cos^2\alpha_c + \varepsilon_y \sin^2\alpha_c + \gamma_{xy}\sin\alpha_c\cos\alpha_c\end{aligned} \tag{3.24}$$

为了简化计算，往往采用成特殊角度的三片应变片组成的应变花，本实验采用 45°直角应变花(如图 3.18 所示),将其粘贴在测点 B 处(如图 3.16 所示),通过应变仪就可测得该点处沿与 x 轴成 0°、45°、90°三个方向的线应变 ε_{0°、ε_{45°、ε_{90°,代入方程(3.24)得应变分量分别为

$$\begin{aligned}\varepsilon_x &= \varepsilon_{0^\circ} \\ \varepsilon_y &= \varepsilon_{90^\circ} \\ \gamma_{xy} &= 2\varepsilon_{45^\circ} - \varepsilon_{0^\circ} - \varepsilon_{90^\circ}\end{aligned} \tag{3.25}$$

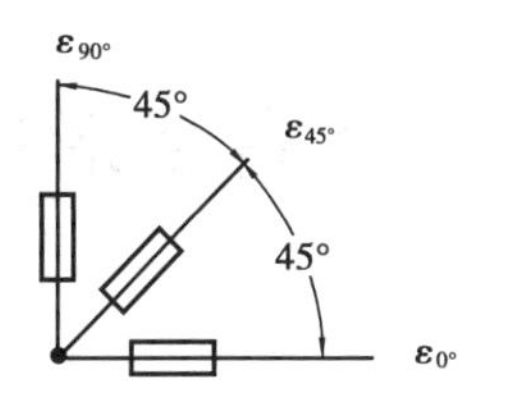

图 3.18 应变花构造示意图

主应变的大小和方向为

$$\begin{aligned}\left.\begin{matrix}\varepsilon_1\\ \varepsilon_3\end{matrix}\right\} &= \frac{1}{2}(\varepsilon_x + \varepsilon_y) \pm \frac{1}{2}\sqrt{(\varepsilon_x - \varepsilon_y)^2 + \gamma_{xy}^2} \\ &= \frac{\varepsilon_{0^\circ} + \varepsilon_{90^\circ}}{2} \pm \frac{1}{2}\sqrt{(\varepsilon_{0^\circ} - \varepsilon_{90^\circ})^2 + (2\varepsilon_{45^\circ} - \varepsilon_{0^\circ} - \varepsilon_{90^\circ})^2} \\ \tan 2\alpha_0 &= \frac{2\varepsilon_{45^\circ} - \varepsilon_{0^\circ} - \varepsilon_{90^\circ}}{\varepsilon_{0^\circ} - \varepsilon_{90^\circ}}\end{aligned} \tag{3.26}$$

注意:α_0 为 x 轴到主应变方向的夹角,以逆时针转向为正。

计算出主应变的大小后按广义虎克定律计算主应力的大小。

$$\begin{aligned}\sigma_1 &= \frac{E}{1-\mu^2}(\varepsilon_1 + \mu\varepsilon_3) \\ \sigma_3 &= \frac{E}{1-\mu^2}(\varepsilon_3 + \mu\varepsilon_1)\end{aligned} \tag{3.27}$$

6)实验步骤

①记录薄壁圆筒的尺寸。

②将应变花 3 个方向的应变片分别按半桥单臂工作接在应变仪的电桥上。

③依次开启数字测力计、应变仪及计算机的电源。

④运行计算机的数据采集软件,进行参数设置。

⑤在荷载为零时,用计算机对所有测点进行平衡。

⑥进行加载,加初荷载后,扫描测量一次,记下读数。以后每加一级荷载,测读一次,一直加到最后一级为止。

⑦检查数据后,再复测一次。

思考题

主应力的测量误差是由哪些因素引起的?

3.10 组合变形内力素测定

工程中有些构件常处于组合变形状态下工作，如：拉弯、拉扭、弯扭、拉弯扭等组合变形，此时，构件中的应力也是复合的。如需测量其中某一种变形在构件中产生的应力，单靠应变片本身是不行的，但在应变测量中，合理选择贴片位置、方位，采用正确的电桥接法，就可以将这种应变单独测量出来，进而计算出相应的应力。

3.10.1 偏心拉伸内力素测定

1)实验目的

①学习组合荷载作用下的内力素测定。

②测定偏心拉伸试样的偏心距 e。

2)设备及仪器

①力学多功能实验台。

②YE2539 程控应变仪。

③偏心拉伸试样。

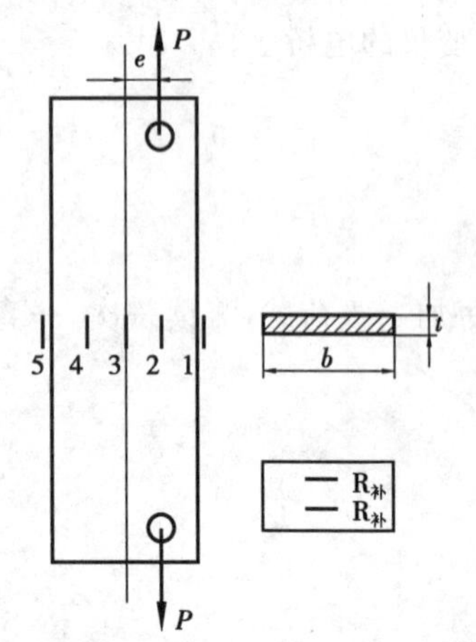

图 3.19 偏心拉伸试样

3)实验试样

实验采用低碳钢直杆试样，截面形状为矩形的偏心拉伸试样。试样的尺寸为：$b = 30$ mm，$t = 5$ mm。低碳钢弹性模量 $E = 2.1 \times 10^5$ MPa。试样及应变片的布片位置如图 3.19 所示。

4)实验原理

试样偏心距为 e，承受偏心拉伸，因此横截面上既有轴力，又有弯矩，相应就有拉伸正应力和弯曲正应力。采用适当的布片和组桥，可以将组合荷载作用下各内力产生的应变成分分别单独测量出来，从而计算出相应的内力和应力，这就是所谓的内力素测定。

为了测定偏心拉伸试样横截面上的应力分布，在试样中部分别粘贴 5 片应变片 $R_1 \sim R_5$，另外在与试样同材料的补偿块上粘贴温度补偿片，用于组桥。根据力学分析可知，应变片 R_1 和 R_5 均感受由拉伸和弯曲两种变形引起的应变，即

$$\varepsilon_{R_1} = \varepsilon_P + \varepsilon_w + \varepsilon_t$$

$$\varepsilon_{R_5} = \varepsilon_P - \varepsilon_w + \varepsilon_t$$

其中，ε_p 和 ε_w 分别为拉伸应变和弯曲应变，ε_t 为温度产生的应变。

若按图 3.20 的半桥组桥方式可以单独测出由弯曲产生的应变。图中 R 为应变仪内部固定电阻。应变仪读数为

$$\varepsilon_{仪} = \varepsilon_{R_1} - \varepsilon_{R_5} = 2\varepsilon_w$$

按图 3.21 的全桥组桥方式可以单独测出由拉伸产生的应变。应变仪读数为

$$\varepsilon_{仪} = \varepsilon_{R_1} - \varepsilon_t + \varepsilon_{R_5} - \varepsilon_t = 2\varepsilon_p$$

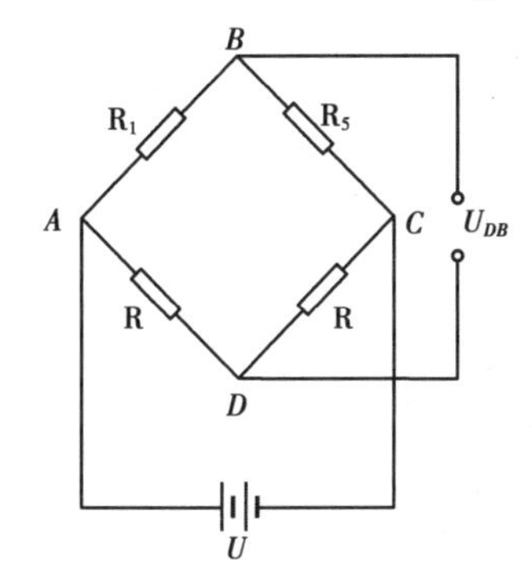

图 3.20　半桥组桥方式测弯曲应变

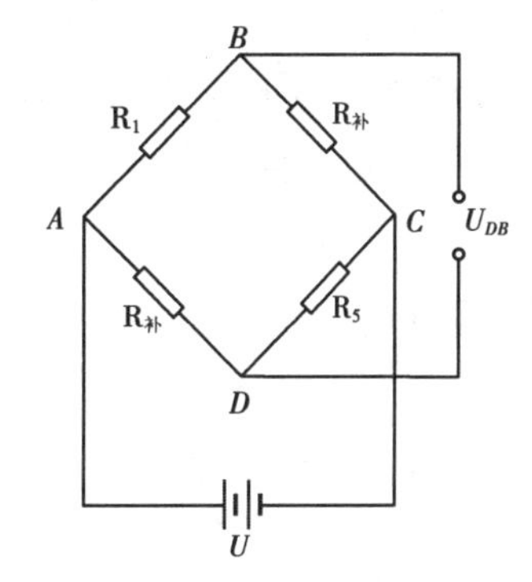

图 3.21　全桥组桥方式测拉伸应变

分别按图 3.20 和图 3.21 组桥，加初荷载 P_0 后将应变仪平衡，荷载增加 ΔP 后，记录应变仪读数，取应变增量的平均值按虎克定律分别计算拉应力和弯曲应力的实测值。

$$\sigma_{拉实} = E\Delta\varepsilon_p = E\frac{\varepsilon_{仪}}{2} \tag{3.28}$$

$$\sigma_{弯实} = E\Delta\varepsilon_w = E\frac{\varepsilon_{仪}}{2} \tag{3.29}$$

按式(3.30)和式(3.31)分别计算拉应力和弯曲应力的理论值。

$$\sigma_{拉} = \frac{\Delta P}{A} \tag{3.30}$$

$$\sigma_{弯} = \pm\frac{\Delta M}{W} = \pm\frac{\Delta Pe}{W} \tag{3.31}$$

式中　W ——抗弯截面模量，$W = \frac{tb^2}{6}$；

e ——偏心距；

ΔP ——荷载增量。

由式(3.29)和式(3.31)得偏心距 e 为

$$e=\frac{EW}{\Delta P}\Delta\varepsilon_{w}=\frac{EW}{\Delta P}\frac{\varepsilon_{仪}}{2} \tag{3.32}$$

5)实验步骤

①用游标卡尺测量试样中间的截面尺寸。

②将试样正确地安装在实验台上。

③设计组桥方案，桥路设计正确后，将应变片接入应变仪。

④启动测试控制软件，设置测试参数。

⑤按 YE2539 应变仪的操作方法，把仪器调整到正常工作状态。

⑥逐级缓慢加载，测试各点应变。

⑦重复测试 2 次，以获得理想数据。

⑧实验结束后，关闭所有仪器电源，清理场地。

⑨根据实验记录进行有关计算。

6)数据处理

根据测试记录，按式(3.28)～式(3.32)计算相应的应力和偏心距。

思考题

1. 直杆偏心拉伸时，要测试样横截面上的应力分布，则电阻应变片与测量桥路如何连接？并画出其接桥方式图。

2. 如果只需测轴向正应力，还有哪种接桥方式？画出其接桥方式图。

3.10.2　弯扭组合变形内力素测定

弯扭组合变形实验装置如图 3.22 所示。为了有多种接桥方式可供选择，在薄壁圆筒的上、下、左、右各对称地布设了 45°直角应变花，其中中间的一片均沿着圆筒的母线方向，称为 0°片，其余两片与母线各成 45°或－45°，具体布置如图 3.23 所示。

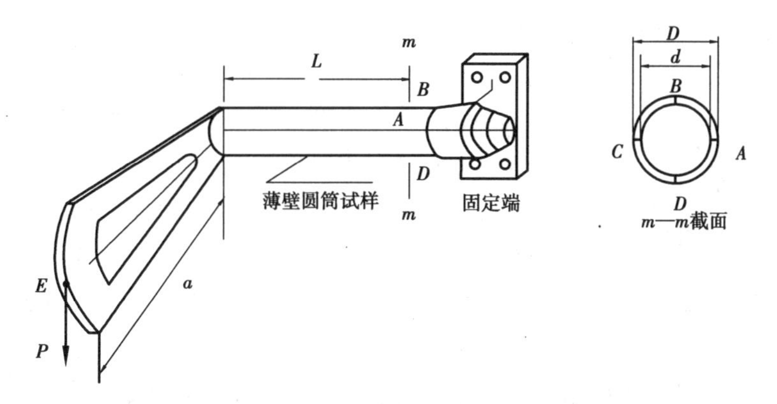

图 3.22 弯扭组合变形实验装置

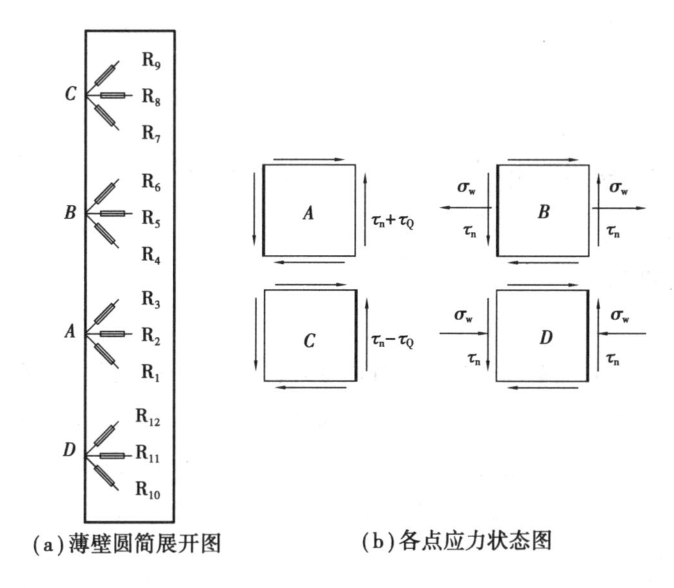

图 3.23 各点应力状态及应变花布置

圆筒展开图如图 3.23(a)所示，展开图左边为图 3.22 所示的 m—m 横截面(用粗线条表示)，(b)图中的单元体有黑线条边表示该截面。另外，所有的单元体都是从圆筒外侧看。

发生弯扭组合变形的构件横截面上产生弯矩 M、剪力 Q 和扭矩 M_n 3 种内力，相应产生弯曲正应力 σ_w 、弯曲切应力 τ_Q 和扭转切应力 τ_n 3 种应力。理论分析表明 σ_w、τ_n 往往是引起构件强度失效的主要因素，所以本实验只测量 σ_w、τ_n 及相应的 M 和 M_n。

1)弯矩 M 的测量

在弯扭组合变形时，薄壁圆筒横截面上的顶点 B 和底点 D 的弯曲正应力最大，其绝对值相等，符号相反。利用该处的应变片 R_5 和 R_{11} 组成半桥双臂工作的接线方式，如图 3.24 所示。

图中 R 为仪器内部电阻。则有

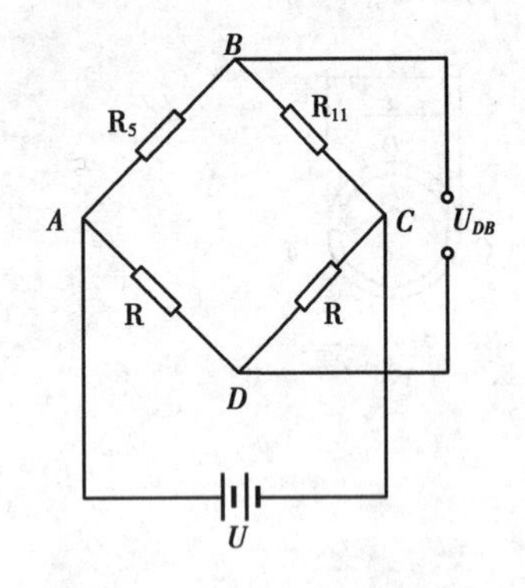

图 3.24 半桥组桥方式测弯矩

$$\varepsilon_{R_5} = \varepsilon_w + \varepsilon_t$$

$$\varepsilon_{R_{11}} = -\varepsilon_w + \varepsilon_t$$

其中，ε_w 为弯曲引起的应变，ε_t 为温度引起的应变。

于是由电桥特性可得

$$\varepsilon_{仪} = \varepsilon_{R_5} - \varepsilon_{R_{11}} = (\varepsilon_w + \varepsilon_t) - (-\varepsilon_w + \varepsilon_t) = 2\varepsilon_w$$

应变仪的读数即为弯曲应变的2倍。因此求得最大弯曲应力为

$$\sigma_w = E\varepsilon_w = E\frac{\varepsilon_{仪}}{2} \tag{3.33}$$

设薄壁圆筒的外径为 D，内径为 d，令系数 $\alpha = \dfrac{d}{D}$，由式(3.34)可计算最大弯曲应力，即

$$\sigma_w = \frac{M}{W_z} \tag{3.34}$$

令以上两式相等，便可求得弯矩 M。其中，$W_z = \dfrac{\pi D^3}{32}(1-\alpha^4)$。

2)扭矩 M_n 的测量

发生弯扭组合变形时薄壁圆筒的水平对称点 A、C 两点处于纯剪应力状态，由应力状态分析可知，主应力方向与圆筒轴线方向成±45°，其值等于 τ，即 $\sigma_1 = -\sigma_3 = \tau$。所以，沿 σ_1 和 σ_3 方向的主应变 ε_1 和 ε_3 数值相等，符号相反（$\varepsilon_1 = -\varepsilon_3$）。$A$、$C$ 两点应力状态及应变花布置如图3.25所示，用 A、C 两点−45°和45°向的应变片组成全桥温度互补偿桥路如图3.26所示。

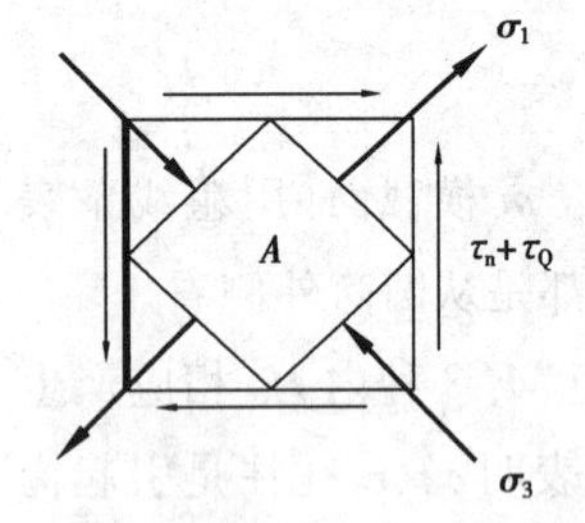

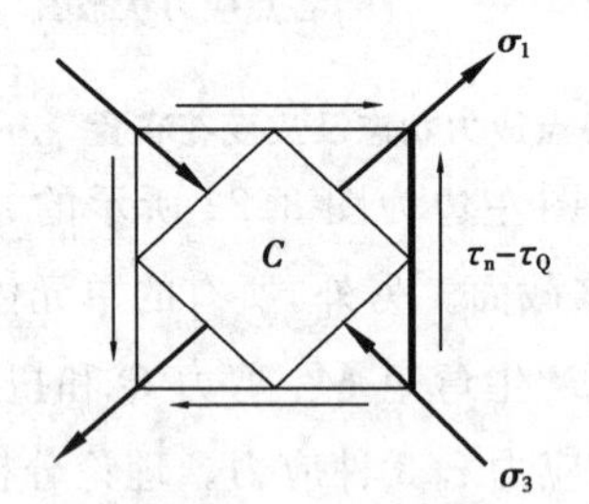

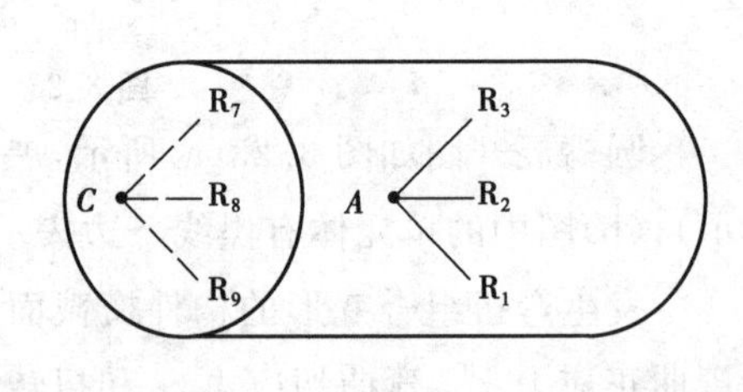

图 3.25 A,C 两点应力状态及应变花布置

则有

$$\varepsilon_{R_3} = \varepsilon_n + \varepsilon_Q + \varepsilon_t$$

$$\varepsilon_{R_1} = -\varepsilon_n - \varepsilon_Q + \varepsilon_t$$

$$\varepsilon_{R_7} = -\varepsilon_n + \varepsilon_Q + \varepsilon_t$$

$$\varepsilon_{R_9} = \varepsilon_n - \varepsilon_Q + \varepsilon_t$$

仪器读数为

$$\begin{aligned}\varepsilon_{仪} &= (\varepsilon_{R_3} - \varepsilon_{R_1} + \varepsilon_{R_9} - \varepsilon_{R_7}) \\ &= (\varepsilon_n + \varepsilon_Q + \varepsilon_t) - (-\varepsilon_n - \varepsilon_Q + \varepsilon_t) + \\ &\quad (\varepsilon_n - \varepsilon_Q + \varepsilon_t) - (-\varepsilon_n + \varepsilon_Q + \varepsilon_t) = 4\varepsilon_n\end{aligned}$$

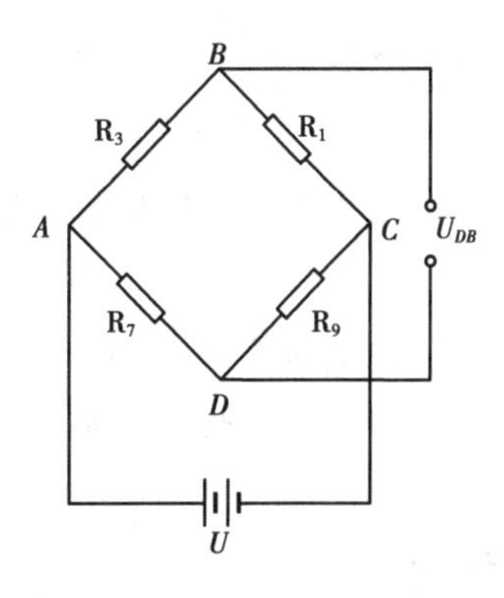

图 3.26　全桥组桥方式测扭矩

其中，ε_n、ε_Q 分别是扭矩和剪力单独作用时引起的主应变。

$\varepsilon_n = \varepsilon_1 = -\varepsilon_3$。

根据广义虎克定律

$$\begin{aligned}\sigma_1 &= \frac{E}{1-\mu^2}(\varepsilon_1 + \mu\varepsilon_3) = \frac{E}{1-\mu^2}[\varepsilon_1 + \mu(-\varepsilon_1)] \\ &= \frac{E}{1-\mu^2}[\varepsilon_1(1-\mu)] = \frac{E}{(1+\mu)}\varepsilon_1\end{aligned} \tag{3.35}$$

式中　μ——材料的泊松比。

因扭转时的主应力 σ_1 与切应力 τ_n 相等，故有

$$\sigma_1 = \tau_n = \frac{M_n}{W_p} \tag{3.36}$$

式中　M_n——扭矩，$M_n = Pa$；

W_p——抗扭截面模量，$W_p = \frac{\pi D^3}{16}(1-\alpha^4)$，$\alpha = \frac{d}{D}$，D 和 d 分别为圆筒的外径和内径。

令以上两式相等便可求得扭矩 M_n

$$M_n = \frac{EW_p}{(1+\mu)}\varepsilon_1 = \frac{EW_p}{(1+\mu)}\frac{\varepsilon_{仪}}{4} \tag{3.37}$$

3)实验步骤

①为确保试样在线弹性范围、小变形条件下测试和实验的测量精度，根据等增量加载法确定最终荷载、加载的分级和级差。

②根据需测的内力素，拟定相应的组桥方式，并将选定的应变片接入桥路。

③调整各测点处于平衡状态后，逐级加载，读取应变值并随时观察应变增量的线性程度。对于线性程度不好的测点应分析原因，并重复作几次，以获得理想数据。

④按上述步骤测量另一种内力素。

⑤根据实验的应变增量的平均值计算相应的应力和内力，并与理论值比较，计算其相对误差。

⑥画出电桥接线图。

⑦分析产生实验误差的主要因素。

⑧实验结束后，关闭所有仪器电源，清理场地。

4)数据处理

①根据实测应变增量的平均值计算相应的应力和内力,并与理论计算值比较,计算其相对误差。

②作出电桥图。

③分析产生实验误差的主要因素。

思考题

测弯矩时,这里用 B、D 两点 0°方向的两片应变片组成半桥互补偿的接桥方式,也可只用一片 0°方向的应变片和补偿片组成半桥外补偿的接桥方式,两种方法哪一种较好?

3.11 弹性模量 E 与泊松比 μ 的综合性实验方案设计

1)实验目的

①学习掌握电测法的基本原理和电阻应变仪的使用。

②通过自行制定实验方案,实施实验方案(贴片,布线,测试等),并分析实验结果,对静态电测的基本测试技术进行一次综合训练,以达到进一步熟悉静态测试方法,加深巩固材料力学理论,提高实验能力,培养科学工作作风的目的。

③测定金属材料的 E 和 μ 并验证虎克定律。

2)实验原理

①测定材料弹性模量 E 一般采用比例极限内的拉伸实验,材料在比例极限内服从虎克定律。由于本实验采用电测法测量,其反映变形测试的数据为应变增量,即

$$\Delta\varepsilon = \frac{\Delta L}{L_0} \tag{3.38}$$

所以弹性模量 E 的表达式可以写成

$$E = \frac{\Delta P}{A_0 \Delta\varepsilon} \tag{3.39}$$

式中 ΔP ——荷载增量；

A_0 ——试样的横截面面积；

$\Delta\varepsilon$ ——应变增量。

为了验证力与变形的线性关系，采用增量法逐级加载，分别测量在相同荷载增量 ΔP 作用下试样所产生的应变增量 $\Delta\varepsilon$。增量法可以验证力与变形间的线性关系，若各级荷载量 ΔP 相等，相应地由应变仪读出的应变增量 $\Delta\varepsilon$ 也大致相等，则线性关系成立，从而验证了虎克定律。用增量法进行实验还可以判断出实验是否有错误，若各次测出的变形不按一定规律变化就说明实验有错误，应进行检查。

②材料在受拉伸或压缩时，不仅沿纵向发生变形，在横向也会同时发生缩短或伸长的横向变形。由材料力学知，在弹性变形范围内，横向应变 $\varepsilon_{横向}$ 和纵向应变 $\varepsilon_{纵向}$ 成正比关系，这一比值称为材料的泊松比，一般以 μ 表示，即

$$\mu = \left|\frac{\varepsilon_{横向}}{\varepsilon_{纵向}}\right| \tag{3.40}$$

实验时，如同时测出纵向应变和横向应变，则可由式(3.40)计算出泊松比 μ。

3)试样

电测法多采用平板试样，试样形状尺寸及贴片方位如图 3.27 所示。为了保证拉伸时的同心度，通常在试样两端开孔，以销钉与拉伸夹头连接，同时可在试样两面贴应变片，以提高实验结果的准确性。

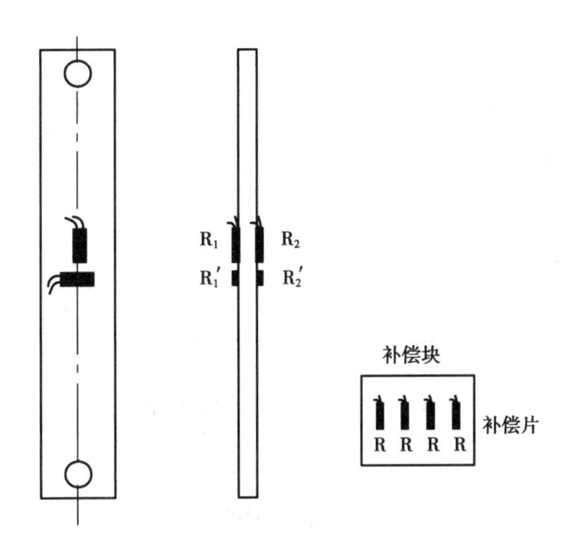

图 3.27 平板拉伸试样

本次实验采用低碳钢试样，试样尺寸为：宽 $b = 30$ mm，厚 $h = 5$ mm。屈服极限为 235 MPa。

4)加载方案设计

(1)确定最大荷载 P_{max}

为了保证试样在比例极限范围内进行实验,最大荷载一般取 P_s 的 70%~80%。

$$P_{max} = P_s \times 80\% \tag{3.41}$$

(2)确定初荷载 P_0

为了消除加载机构的间隙所引起的系统误差,预先施加一初荷载 P_0,一般取最大荷载的 10%。

$$P_0 = P_{max} \times 10\% \tag{3.42}$$

(3)确定等量增加的荷载 ΔP

实验至少应分 4~5 级加载,每级荷载增量

$$\Delta P = \frac{P_{max} - P_0}{n} \tag{3.43}$$

n 一般取 5 级。P_{max}、P_0、ΔP 的计算结果应取整。

5)电桥桥路连接方案设计

用上述试样测试时,合理地选择组桥方式可有效地提高测试灵敏度和实验效率,并且可以消除偏心弯曲的影响。下面讨论几种常见的组桥方式:

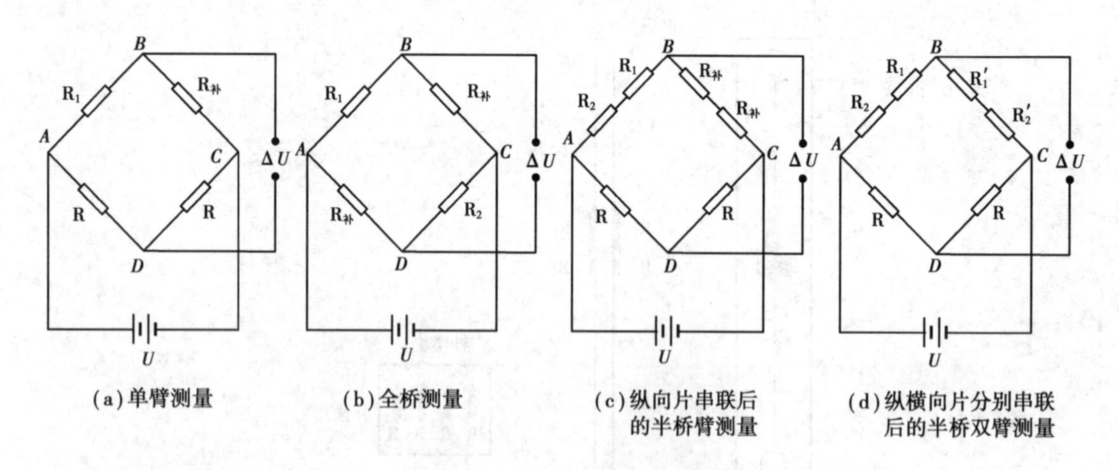

图 3.28 几种不同的组桥方式

(1)单臂测量

如图 3.28(a)所示,实验时,在一定荷载条件下,分别对前、后两枚轴向应变片进行单片测量,并取其平均值 $\Delta\bar{\varepsilon} = \frac{\Delta\varepsilon_{前} + \Delta\varepsilon_{后}}{2}$,而且 $\Delta\bar{\varepsilon}$ 消除了偏心弯曲引起的测量误差。

(2)全桥测量

按图 3.28(b)的方式组桥进行全桥对臂测量,不仅消除了偏心弯曲和温度的影响,而且仪器读数是单臂测量的 2 倍,即

$$\varepsilon_{仪} = \varepsilon_1 - \varepsilon_2 + \varepsilon_3 - \varepsilon_4 = 2\varepsilon_p \tag{3.44}$$

(3)纵向片串联后的半桥单臂测量

按图 3.28(c)的串联方式进行半桥单臂测量。

①两纵向片串联后接入 AB 臂。为消除偏心弯曲的影响,可将前后轴向片串联后接在同一桥臂 AB 上,而相邻臂 BC 串接相同阻值的补偿片。AB 桥臂两轴向片的电阻变化为

$$\frac{\Delta R_{AB}}{R_{AB}} = \frac{2(\Delta R_p + \Delta R_t)}{2R} = \frac{\Delta R_p}{R} + \frac{\Delta R_t}{R}$$

两边同除以 K 得

$$\varepsilon_{AB} = \varepsilon_p + \varepsilon_t \tag{3.45}$$

②两补偿片串联后接入 BC 臂:

$$\varepsilon_{BC} = \frac{\varepsilon_t + \varepsilon_t}{2} = \varepsilon_t \tag{3.46}$$

③测纵向应变的仪器读数为:

$$\varepsilon_{仪} = \varepsilon_{AB} - \varepsilon_{BC} = \varepsilon_p + \varepsilon_t - \varepsilon_t = \varepsilon_p \tag{3.47}$$

按图 3.28(c)的串联方式组桥进行测量,消除了偏心弯曲和温度的影响,但没有提高灵敏度。

(4)纵、横向片分别串联后的半桥双臂测量

如图 3.28(d)所示,若两纵向片串联后接入 AB 桥臂,两横向片串联后接入 BC 桥臂,可以消除偏心弯曲和温度的影响,应变仪的读数为

$$\varepsilon_{仪} = \varepsilon_{AB} - \varepsilon_{BC} = \varepsilon_p(1 + \mu) \tag{3.48}$$

如果材料的泊松比已知,这种组桥方式测量灵敏度提高 $(1 + \mu)$ 倍。

(5)泊松比 μ 的测试

利用试样的横向片、补偿片和纵向片合理组桥,在设定荷载下同时测定试样的横向应变 $\varepsilon_{横向}$ 和纵向应变 $\varepsilon_{纵向}$,并随时检查其增量是否符合线性规律,测出一组横向应变和一组纵向应变值后,按式(3.49)计算 μ 值。

$$\mu = \left|\frac{\varepsilon_{横向}}{\varepsilon_{纵向}}\right| \tag{3.49}$$

6)实验设备

①多功能力学实验台。

②YE2539 程控应变仪。

③板状拉伸试样。

④游标卡尺。

7)实验步骤

①设计好本实验所需的各类数据表格。

②测量试样尺寸。

③估算最大实验荷载 P_{max}，并根据具体条件确定 P_0，制定加载方案。

④根据试样的布片情况和提供的设备条件,确定最佳组桥方式并接线。

⑤在力学多功能实验台上安装试样,开机加载前,将数字测力计调零,启动应变仪的控制软件,输入测量参数,然后对应变仪进行平衡。

⑥经检查无误后开始加载。

⑦记录数据的同时,随时检查应变增量 $\Delta\varepsilon$ 是否符合线性。实验至少重复 2 次,如果数据稳定,重复性好即可。

⑧实验完成后卸载,关闭电源,拆线整理所用的设备。

8)注意事项

①所有接线柱必须拧紧,否则会影响接触电阻。

②在实验过程中不许扰动导线,否则会改变导线电阻和线间电容,影响测量精度。

9)实验数据处理

①用方格纸做出弹性阶段的 σ—ε 和 ε'—ε 曲线。将每个实验点都点在图上,然后拟合成直线,并注意原点位置的修正。

②采用最小二乘法进行数值分析,确定 E 和 μ 的数值。

③完成实验报告,报告应按即定格式书写,各类数据必须用表格系统地整理出来。

思考题

1.采用什么措施消除偏心弯曲的影响?

2.如何制定本实验的加载方案?如果已知低碳钢的屈服强度,如何计算最大荷载?如按 5 级加载,试计算每级荷载增量 ΔP。

3.为何沿试样纵向轴线方向两面各贴一枚电阻应变片?

3.12 叠梁弯曲应力分析实验

1)实验目的

①用电测法测定同种材料自由叠合梁横截面上的应变、应力分布规律。
②由实验结果得出叠梁横截面上的正应力分布规律并与单体梁进行比较。
③通过实验和理论分析深化对弯曲变形理论的理解,建立力学计算模型的思维方法。

2)实验设备

①YE2539 程控应变仪。
②力学多功能实验台。
③贴有电阻应变片的矩形截面组合梁,即钢—钢组合梁。钢—钢组合梁的上半部为 Q235 钢,弹性模量 $E = 2.0 \times 10^5$ MPa;下半部为 45 号钢,弹性模量 $E = 2.1 \times 10^5$ MPa。

3)实验原理

由材料力学纯弯曲理论可知单根矩形截面梁的应力分布沿截面高度按线性规律分布,横截面在中性轴位置处的应力为零,距离中性轴的上、下边缘处的正应力最大。

但在实际工程结构中,经常遇到由两根以上的梁共同组合而成的组合梁。例如汽车缓冲板簧、行车的轨道梁与钢轨等。本次实验对象为两根同截面尺寸、不同弹性模量的钢梁,采用钢—钢自由叠合梁。叠合梁实验装置及横截面上各点应变片的位置如图 3.29 所示。

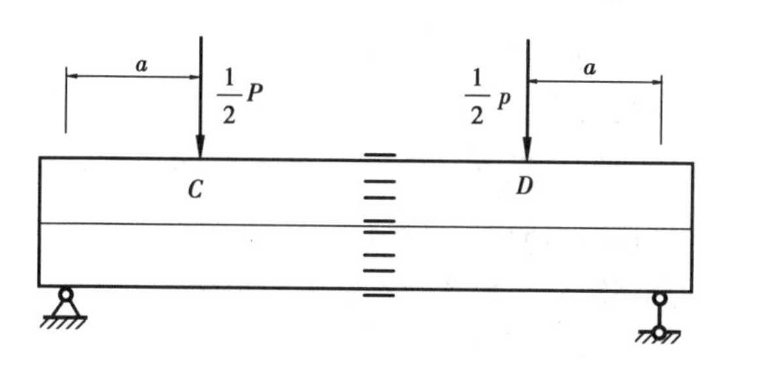

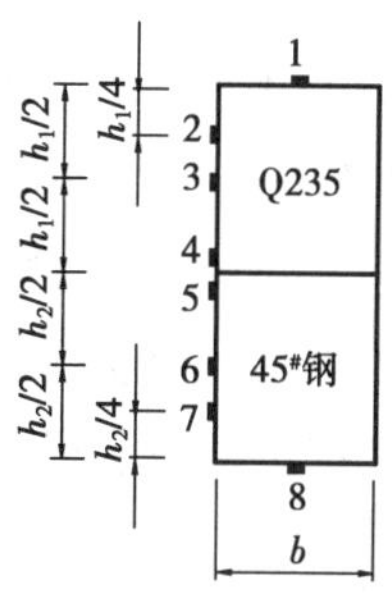

图 3.29 叠梁弯曲实验装置示意图

所谓叠梁，是两根矩形截面梁上下叠放在一起，两界面间加润滑剂，如图 3.29 所示。两根梁的材料可相同，也可不同；两根梁的截面高度尺寸可相同，亦可不同。只要保证在变形时两梁界面不分离即可。

图 3.29 所示的叠梁，在弯矩 M 的作用下，可以认为两梁界面处的挠度相等，并且挠度远小于梁的跨度，上下梁各自的中性轴在小变形的前提下，各中性层的曲率近似相等。从而，可以应用平衡方程和弯曲变形的基本方程等建立弯矩 M、M_1 和 M_2 之间的关系。

叠梁横截面弯矩

$$M = M_1 + M_2 \tag{3.50}$$

中性层的曲率为

$$\frac{1}{\rho_1} = \frac{M_1}{E_1 I_{z1}};\frac{1}{\rho_2} = \frac{M_2}{E_2 I_{z2}};\rho_1 = \rho_2 \tag{3.51}$$

由式(3.50)和式(3.51)得上、下梁的弯矩分别为

$$M_1 = \frac{ME_1 I_{z1}}{E_1 I_{z1} + E_2 I_{z2}} \tag{3.52}$$

$$M_2 = \frac{ME_2 I_{z2}}{E_1 I_{z1} + E_2 I_{z2}} \tag{3.53}$$

式中　M——总弯矩；

M_1 和 M_2——分别为上下梁各自承担的弯矩；

I_{z1}——叠梁 1 截面对中性轴 z_1 的惯性距；

I_{z2}——叠梁 2 截面对中性轴 z_2 的惯性距；

E_1 和 E_2——分别为上下梁的弹性模量；

ρ_1 和 ρ_2——上下梁的曲率半径。

因此，可得到叠梁 1 和叠梁 2 正应力理论计算公式分别为

$$\sigma_1 = \frac{M_1 y_1}{I_{z1}} = \frac{E_1 M y_1}{E_1 I_{z1} + E_2 I_{z2}} \tag{3.54}$$

$$\sigma_2 = \frac{M_2 y_2}{I_{z2}} = \frac{E_2 M y_2}{E_1 I_{z1} + E_2 I_{z2}} \tag{3.55}$$

式中　y_1——叠梁 1 上测点距 z_1 轴的距离；

y_2——叠梁 2 上测点距 z_2 轴的距离。

实验时，在梁纯弯曲段沿横截面高度自上而下选 8 个测点，在测点表面沿梁轴方向各粘贴一枚电阻应变片，当对梁施加弯矩 M 时，粘贴在各测点的电阻应变片的阻值将发生变化。从而根据电测法的基本原理，就可测得各测点的线应变值 ε_i（i 为测点号，$i = 1,2,3,\cdots,8$）。

由于各点处于单向应力状态，由虎克定律求得各测点实测应力值 σ_i，即

$$\sigma_i = E\varepsilon_i \tag{3.56}$$

根据此实验结果，分析式(3.52)、式(3.53)的有效性，并按式(3.54)、(3.55)分别计算出上、下梁的各点应力值 σ_i。

然后将实验值与理论值进行比较，通过该实验以明确叠梁横截面上的应力分布规律。

4）实验步骤

①叠梁的单梁截面宽度 $b = 20$ mm，高度 $h = 20$ mm，荷载作用点到梁支点距离 $a = 100$ mm。

②将荷载传感器与测力仪连接，接通测力仪电源，将测力仪开关置开。

③将梁上应变片按半桥单臂工作接至应变仪通道上。

④本实验取初始荷载 $P_0 = 500$ N，$P_{max} = 2\ 500$ N，$\Delta P = 500$ N 共分五级加载。

⑤加初始荷载 500 N，将各通道初始应变均置零。

⑥逐级加载，记录各级荷载作用下各点的应变读数。

5）实验结果的处理

①根据实验数据计算各点的应变增量平均值，按式(3.56)求出各点的实验应力值，并计算出各点的理论应力值，计算实验应力值与理论应力值的相对误差。

②按同一比例分别画出各点应力的实验值和理论值沿横截面高度的分布曲线，将两者进行比较，如果两者接近，说明叠梁的正应力计算公式成立。

6）注意事项

①在加载过程中切勿超载和大力扭转加力手轮，以免损坏仪器。

②测试过程中，不要振动仪器和导线，否则将影响测试结果，造成较大误差。

③使用静态电阻应变仪前应先开机，让机器至少预热 3 min。

④注意爱护好贴在试样上的电阻应变片和导线，不要用手指或其他工具损坏电阻应变片。

思考题

1. 叠梁弯曲应力的大小是否会受材料弹性模量 E 的影响？为什么？

2. 直梁弯曲正应力公式及曲率公式的意义和推导方法。

4 选修实验

4.1 冲击实验

材料抗冲击能力的指标用冲击韧度来表示。冲击韧度是通过冲击实验来测定的。这种实验是在一次冲击荷载作用下,测试试件断口处的力学特性(韧性或脆性)。虽然实验中测定的冲击吸收功或冲击韧度不能直接用于工程计算,但它可作为判断材料脆化趋势的一个定性指标,还可作为检验材质及热处理工艺的一个重要手段。这是因为它对材料的品质、宏观缺陷、显微组织十分敏感的缘故,而这点恰是静载实验所无法揭示的。

1)冲击实验的类型

测定冲击韧度的试验方法有多种,国际上大多数国家所使用的常规实验有两种类型。一种为简支梁式的冲击弯曲实验,另一种为悬臂梁式的冲击弯曲实验。前者实验时试件处于三点弯曲受力状态,称为"夏比冲击试验"。后者实验时试件处于悬臂梁弯曲受力状态,称为"艾佐冲击试验"。夏比、艾佐是首先建立这两种试验方法的两个人的名字。另外,还有"低温夏比冲击试验","高温夏比冲击试验"。

由于冲击实验受到多种内在和外界因素的影响,要想正确反映材料的冲击特性,必须使冲击试验方法和设备标准化、规范化,我国制定了金属材料冲击试验的相关标准,本次实验介绍《金属材料夏比摆锤冲击试验方法》(GB/T 229—2007)测定金属材料的冲击韧度。

2)实验目的

测定低碳钢和铸铁两种材料的冲击韧度,观察破坏情况,并进行比较。

3)实验设备

①冲击试验机,如图 4.1 所示。
②游标卡尺。

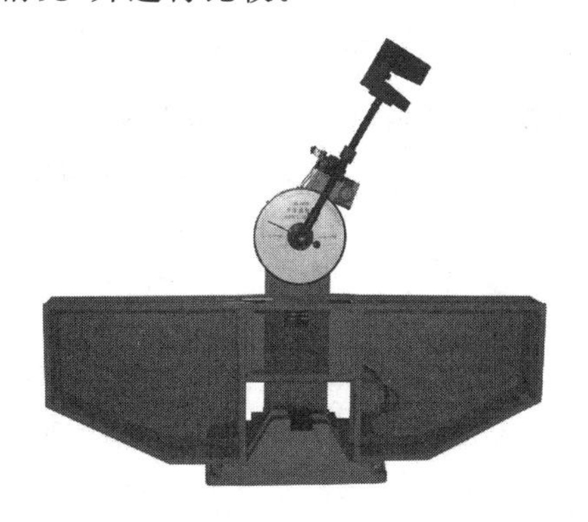
图 4.1 冲击试验机外形图

4)试样的制备

①试样的形状和尺寸采用国际上通用的形状和尺寸。规定 10 mm×10 mm×55 mm 中间带 2 mm 深 U 形缺口为标准试样,另外,还有其他缺口形状的试样,如夏比 V 形缺口(详见国标 GB 2106—80)、夏比钥匙孔形缺口等类型试样。图 4.2 所示为 U 形缺口试样的形状和尺寸。

②试样毛坯切取部位、取向和数量均应符合有关规定。毛坯的切取和试样加工过程中不应受加工硬化或热影响,否则将会改变材料的冲击性能。

③试样尺寸及偏差应符合图 4.2 中的规定,缺口底部应光滑,无与缺口轴线平行的明显划痕,试样加工和保存期间应防止锈蚀。在试样上制作缺口是为了使试样在该处折断。

本次实验采用如图 4.2 所示的 U 形缺口试样。

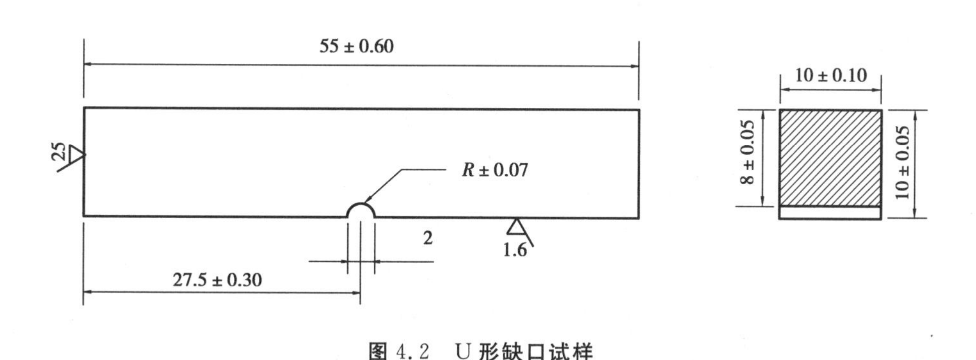

图 4.2 U 形缺口试样

5)实验设备及操作方法

图 4.1 所示为 JBZ-300 型冲击试验机的外形图,冲击能量为 150 J 和 300 J,根据能量要求选用适当的摆锤。

该机为全自动液晶显示冲击试验机，使用时首先在料仓内放入试样，缺口背向摆锤刀口，一次可以放多个试样。按下液晶显示屏上的“取摆”按钮，挂摆机构下降勾住摆锤扬起，至一定的角度停止，同时保险销自动弹出。按动“退销”按钮，保险销自动缩回，按动“送样”按钮时，试验机自动送样，同时挂摆机构与摆锤脱离，摆锤就落摆冲击。试样冲断后，摆锤利用回摆的惯性上扬至一定的角度后，电动机开始带动摆锤继续上扬至初始位置停止，准备下一次冲击。若不再做实验，则按“退销”按钮，再按“放摆”按钮，摆锤缓慢放回到原来的垂直位置。从液晶显示器上可直接读出试样所吸收的功。

6)实验原理

图 4.3 所示为冲击试验机原理图，钢制的摆锤悬挂在轴 O 上(如图 4.3 所示的 α 角)，于是摆锤具有一定的位能。实验时，令摆锤下落，冲断试样。试样折断所消耗的能量等于摆锤原来的位能(α 角处)与其冲断试样后在扬起位置(β 角处)时的位能之差。如不计摩擦损失及空气阻力等因素，那么，摆锤对试样所做的功可按下式计算：

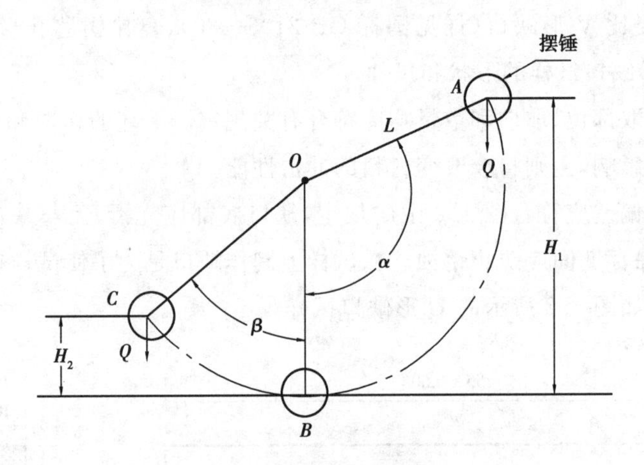

图 4.3　冲击试验机原理图

$$W = QH_1 - QH_2 \tag{4.1}$$

$$H_1 = L(1 - \cos\alpha) \tag{4.2}$$

$$H_2 = L(1 - \cos\beta) \tag{4.3}$$

其中，L 为摆杆的长度。将式(4.2)、式(4.3)代入式(4.1)，得

$$W = QH_1 - QH_2 = Q[L(1 - \cos\alpha) - L(1 - \cos\beta)] = QL(\cos\beta - \cos\alpha) \tag{4.4}$$

式中　α——冲击前摆锤扬角；

β——冲断试件后摆锤升起角。

由于摆锤重量、摆杆长度和冲击前摆锤扬角 α 均为常数，因而只要知道冲断试样后摆锤升起角 β，即可根据式(4.4)算出消耗于冲断试样所做功的数值。本试验机已经预先根据上述公式将相当于各升起角 β 的功的数值算出，并直接刻在读数盘上，因此，冲击后可以直接读出试样所吸收的功。

由于一般试样上都有缺口，冲击后读数盘上所读取的数值除以试样缺口处的横截面面积，即为材料的冲击韧度 α_{Ku}，可由式(4.5)计算：

$$\alpha_{Ku} = \frac{W}{A} \tag{4.5}$$

式中 W——试样冲断时所吸收的功，J；

A——试样缺口处的横截面面积，mm^2。

在相同的条件下，材料的 α_{Ku} 值越大，表示材料抗冲击能力越好。当试样的几何形状、尺寸、受力方式、实验温度不同时，所得结果各不相同。所以，冲击实验是在规定标准条件下进行的一种比较性实验。

7）实验步骤

①记录室温。常温冲击实验一般应在 10～35 ℃内进行。要求严格时，实验温度为(23±5)℃。

②测量试样尺寸。用游标卡尺测量试样缺口底部处横截面尺寸。

③在料仓内放入试样，缺口背向摆锤刀口，一次可以放多个试样。

④按下液晶显示屏上的“取摆”按钮，挂摆机构下降勾住摆锤扬起，至一定的角度停止，同时保险销自动弹出。

⑤按动“退销”按钮，保险销自动缩回，按动“送样”按钮时，试验机自动送样，同时挂摆机构与摆锤脱离，摆锤就落摆冲击。试样冲断后，摆锤利用回摆的惯性上扬至一定角度后，电动机开始带动摆锤继续上扬至初始位置停止，准备下一次冲击。

⑥若不再做实验，则按“退销”按钮，再按“放摆”按钮，摆锤缓慢放回到原来的垂直位置。从液晶显示器上可直接读出试样所吸收的功。

⑦记录读数，切断电源。

8）实验结果处理

①计算低碳钢与铸铁的 α_{Ku} 值(保留两位有效数字)。

②观察两种材料断口的差异。

9）注意事项

①安装试样时，严禁抬高摆锤。

②当摆锤抬起后,不得在摆锤摆动范围内活动或工作,以免偶然断电而发生危险。进行冲击实验时,上述事项务必严格执行,以免伤害人体。

思考题

冲击韧度在工程实际中有哪些实用价值?

4.2 压杆稳定性实验

1)实验目的

①观察和了解中心受压细长杆件将要丧失稳定时的现象。

②用电测法测定两端铰支压杆的临界力 P_{cr} ,并与理论计算的结果进行比较。

2)实验仪器及装置

①高速静态电阻应变仪。

②力学多功能实验台。

③荷载传感器、数字测力计。

④大量程百分表、磁性表座。

3)实验原理

本实验采用矩形截面薄杆试件,材料为合金钢,弹性模量 $E = 2.06 \times 10^5$ MPa。试件两端做成带有一定圆弧的尖端,将试件放在试验架支座的V形槽口中,当试件发生弯曲变形时,试件的两端能自由地绕V形槽口转动,因此可把试件视为两端铰支的压杆。在压杆中段的两个侧面沿轴线方向各贴一片电阻应变片,采用半桥温度自补偿的方法进行测量。

两端铰支、中心受压的细长杆,其欧拉临界力为:

$$P_{cr} = \frac{\pi^2 E I_{min}}{L^2} \tag{4.6}$$

式中 L——压杆的长度;

I_{min} ——截面的最小惯性矩。

当压杆所受的荷载 P 小于试件的临界力 P_{cr} 时，中心受压的细长杆在理论上应保持直线形状，杆件处于稳定平衡状态。当 $P > P_{cr}$ 时，杆件因丧失稳定而弯曲，若以荷载 P 为纵坐标，压杆中点挠度 f 为横坐标，按小挠度理论绘出的 $P-f$ 图形即为折线 OCD，如图 4.4(b)所示。

由于试件可能有初曲率，压力可能偏心，以及材料的不均匀等因素，实际的压杆不可能完全符合中心受压的理想情况。在实验过程中，即使压力很小时，杆件也会发生微小弯曲，中点挠度随荷载的增加而逐渐增大。若令杆件轴线为 x 坐标轴，杆件下端点为坐标轴原点，则在 $x=\frac{1}{2}$ 处横截面上的内力(如图 4.4(a)所示)为

$$M_{x=\frac{1}{2}} = Pf$$
$$N = -P \tag{4.7}$$

横截面上的应力为

$$\sigma = -\frac{P}{A} \pm \frac{M}{I_{min}} y \tag{4.8}$$

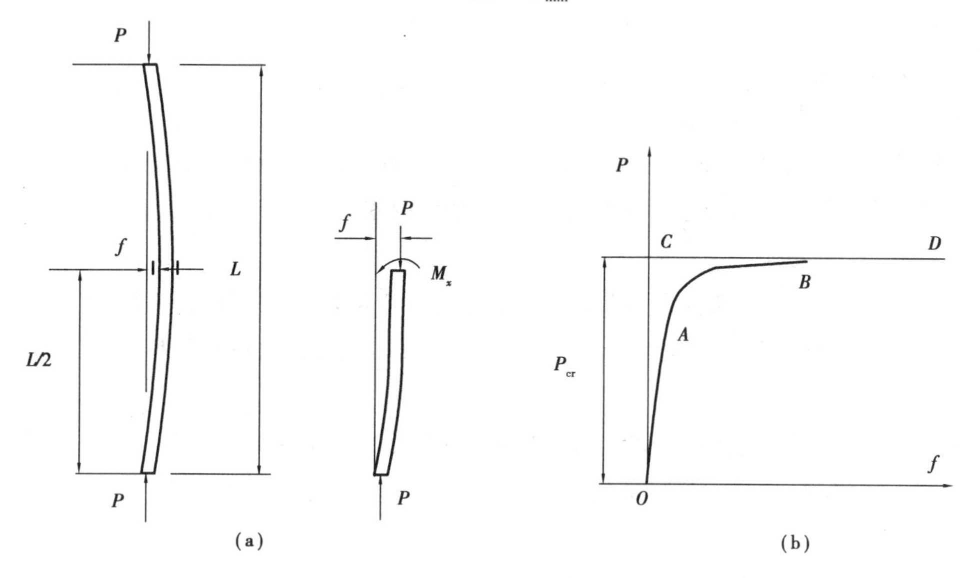

图 4.4　压杆的受力分析及 $P—f$ 图形

当用半桥温度自补偿的方法将电阻应变片接到静态电阻应变仪后，可消除由轴向力产生的应变读数，这样，应变仪上的读数就是测点处由弯矩 M 产生的真实应变的 2 倍，把应变仪读数写为 $\varepsilon_{仪}$，把真实应变写为 ε，则 $\varepsilon_{仪} = 2\varepsilon$，杆上测点处的弯曲正应力为

$$\sigma = E\varepsilon = E\frac{\varepsilon_{仪}}{2} \tag{4.9}$$

因为弯矩产生的测点处的弯曲正应力可表达为

$$\sigma = \frac{M\frac{t}{2}}{I_{min}} = \frac{Pf\frac{t}{2}}{I_{min}} \tag{4.10}$$

$$\frac{Pf\frac{t}{2}}{I_{\min}} = E\frac{\varepsilon_{仪}}{2}$$

$$f = \left(\frac{EI_{\min}}{tP}\right)\varepsilon_{仪} \tag{4.11}$$

由式(4.11)可见，在一定的荷载 P 作用下，应变仪读数 $\varepsilon_{仪}$ 的大小反映了压杆挠度 f 的大小，$\varepsilon_{仪}$ 越大，表示 f 越大。所以用电测法测定 P_{cr} 时，图 4.4(b)的横坐标 f 可用 $\varepsilon_{仪}$ 来代替。当 P 远小于 P_{cr} 时，随 P 的增加 $\varepsilon_{仪}$ 也增加，但增长极为缓慢（OA 段）；而当 P 趋近于临界力 P_{cr} 时，虽然荷载增加量不断减小，但 $\varepsilon_{仪}$ 却会迅速增大（AB 段），曲线 AB 是以直线 CD 为渐近线的。试件的初曲率与偏心等因素的影响越小，则曲线 OAB 越靠近折线 OCD。所以，可根据渐近线 CD 的位置确定临界荷载 P_{cr}。

4)实验步骤

①把力传感器上的连接线与数字测力仪连接。

②调试数字测力仪。

③在实验台上装好试件、百分表及配件。

④转动加力手轮，使传感器压头轻松地接触试件，调整百分表显示 0.00 mm 状态。

⑤将应变片按半桥连接在应变仪上，并对应变仪调零。

⑥加载：

a. 加力手轮顺时针转动为加载，最初的几级荷载可加大些，每次转动手柄垂直位移 0.02～0.03 mm，然后每次转动手轮垂直位移 0.01 mm，记录每次位移量和应变仪读数及相对应的荷载值。

b. 在位移—荷载、应变—荷载读数过程中，如果发现连续增加位移量（或应变量）2 或 3 次，荷载值几乎不变，再增加位移量（或应变量）时，荷载值读数下降或上升，说明压杆的临界力已出现，应立即停止加载。

⑦卸载，实验完毕，关闭电源和清理场地。

5)实验结果处理

根据实验记录，在方格纸上按一定比例尺绘出位移—荷载、应变—荷载曲线，找出渐近水平线，以确定临界压力 P_{cr}，并与理论值进行比较。

思考题

如已知试件尺寸:厚度 $t=1.2$ mm,宽度 $b=10$ mm,长度 $L=300$ mm, $E=2.1\times10^5$ MPa,试求两端铰支压杆的临界力 P_{cr}。

4.3 梁受交变荷载时的动应力实验

1)实验目的

①学习动应力的测量原理和方法。
②测定简支梁共振时的最大动应力和固有频率。
③了解动态信号采集分析系统的功能和基本操作方法。

2)实验设备及装置

①振动实验台、信号发生器、功率放大器、激振器、应变片、加速度传感器。
②DH5937/38 动态信号采集分析系统。

3)实验原理

结构受某种瞬态的干扰力后,产生自然振动,由于存在阻尼,经过一定时间,振动将消失。这种振动的频率即系统的自振频率,或称为固有频率。当结构受周期性的干扰力作用时,如果干扰力的频率接近固有频率,结构将产生共振现象,这时结构变形和应力急剧增大。因此测定结构的固有频率和干扰力的频率对避免共振现象是十分重要的。

动应力测量方法通常采用电测法,以粘贴在简支梁上、下表面的应变片作为传感器,把机械应变信号转换为电信号,经过动态信号采集器放大、滤波并通过 A/D 转换器把模拟信号转换成数字信号送给计算机,由计算机的控制软件对数字信号进行显示分析处理。本实验的装置示意图如图 4.5 所示。

动应力实验系统主要由“激振部分”、“拾振部分”和“信号显示分析处理部分”组成。

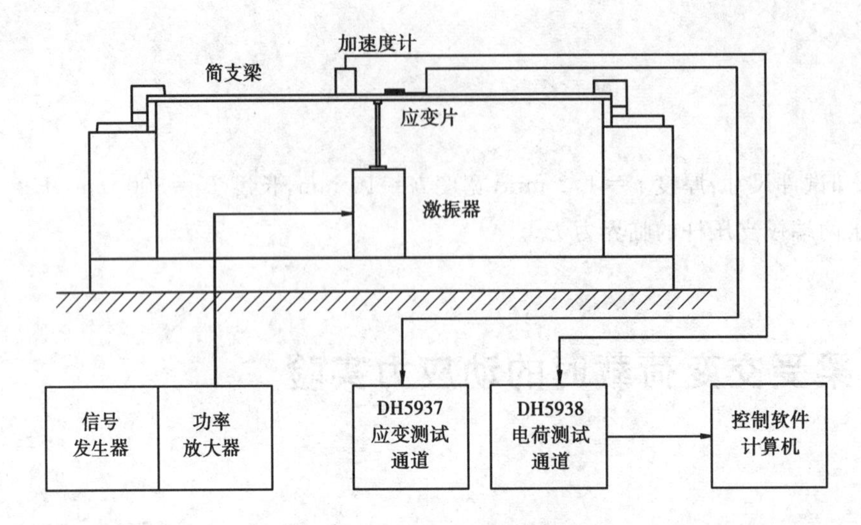

图 4.5　动应力实验装置示意图

激振部分由信号发生器、功率放大器、激振器组成。激振部分的主要作用是向简支梁提供一个交变的激振力。激振方法是首先由信号发生器产生一个交变的正弦信号电压，然后把交变信号电压送给功率放大器，经功率放大器放大并转换为交变电流后送给激振器。激振器内装有一根激振杆，激振杆的上端与简支梁固定在一起，激振杆的下部固定有一线圈，并且线圈处于磁场中，当处于磁场中的线圈通过交变电流时，激振杆受到电磁力的作用而上下运动，从而带动简支梁振动。

拾振和测振部分由应变片、加速度传感器、动态信号测试分析系统组成。动态应变仪利用应变片把简支梁的动应变转换成为电压信号，经过动态信号测试分析仪放大、滤波和信号数字化后送给计算机显示、分析和处理。

本实验采用共振法测量简支梁的固有频率和最大动应变。所谓"共振法"就是保持激振力的大小不变，从低向高连续提高激振力的频率，随着激振力的提高，梁的振幅越来越大，从计算机屏幕上可以看到梁的振幅曲线由小变大的过程，当激振力的频率与梁固有频率相等时简支梁发生共振，这时梁的振幅达到最大值，用计算机采集一段共振波形就可以分析计算其固有频率。

4)实验步骤

(1)DH5937/38 动态信号采集分析系统简介

动态信号采集系统由 DH5937 应变测试模块、DH5938 振动加速度测试模块以及相应的分析软件组成，可以进行结构振动参量测试及相关分析。图 4.6 为采集器面板，实验前应了解仪器的基本情况，面板上各部分开关、按钮及输入输出接口的作用。

(2)应变片的连接

将简支梁跨中上下两个应变片按半桥双臂工作连接，应变片与电桥盒的连接方式如图 4.7 所示。

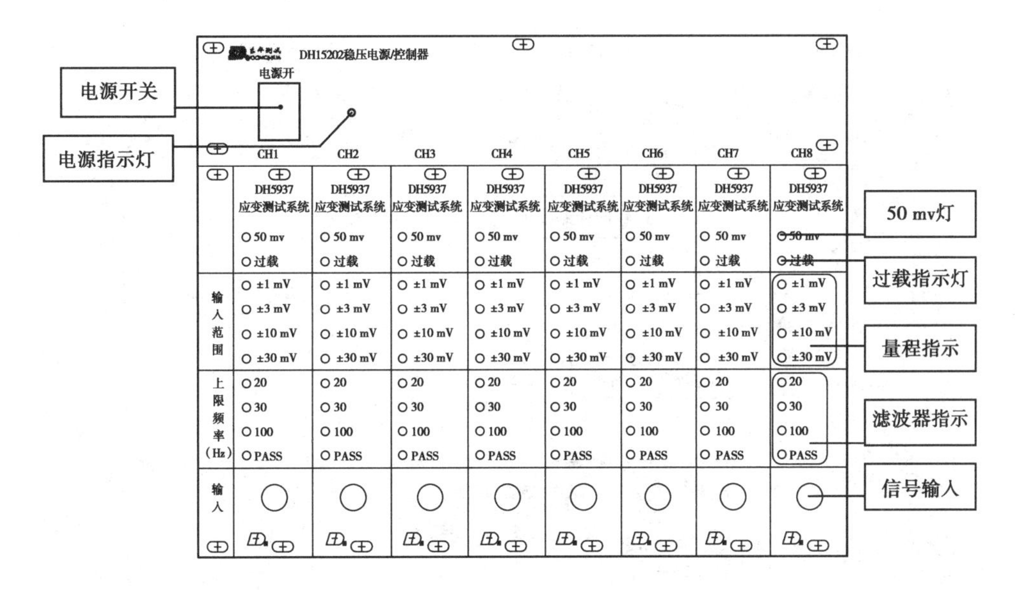

图 4.6 DH5937/38 动态信号数据采集器前面板

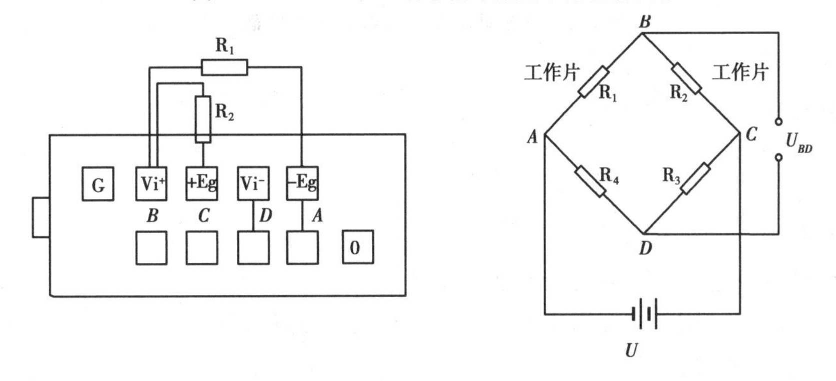

图 4.7 应变片与电桥盒的连接

(3)测试系统准备与调试

• 信号发生器和功率放大器：

①按仪器和设备装置框图，安装相应仪器并接好连接线。

②信号发生器单元用“手动”，扫描方式选“对数扫描”，扫频旋钮逆时针旋到“0 Hz”位置。输出信号类型为“正弦波”。

③功率放大器单元输出电流旋钮在“0”位置。

④上述设置检查完毕后，接通信号发生器的电源。

• DH5937/38 动态测试分析仪的使用：

①将加速度传感器与 DH5938 的电荷通道相连接，将桥盒与 DH5937 的应变通道相连接。

②用附件中通讯电缆将 DH5938 主机与 1394 接口及计算机 USB 接口可靠连接。

③先打开 DH5938 主机电源，然后再打开计算机电源，在计算机上运行 DH5937/38 采集系统软件；进入“数据采集”软件模块，计算机将显示图 4.8 所示的测试界面，进行测试参数设置。

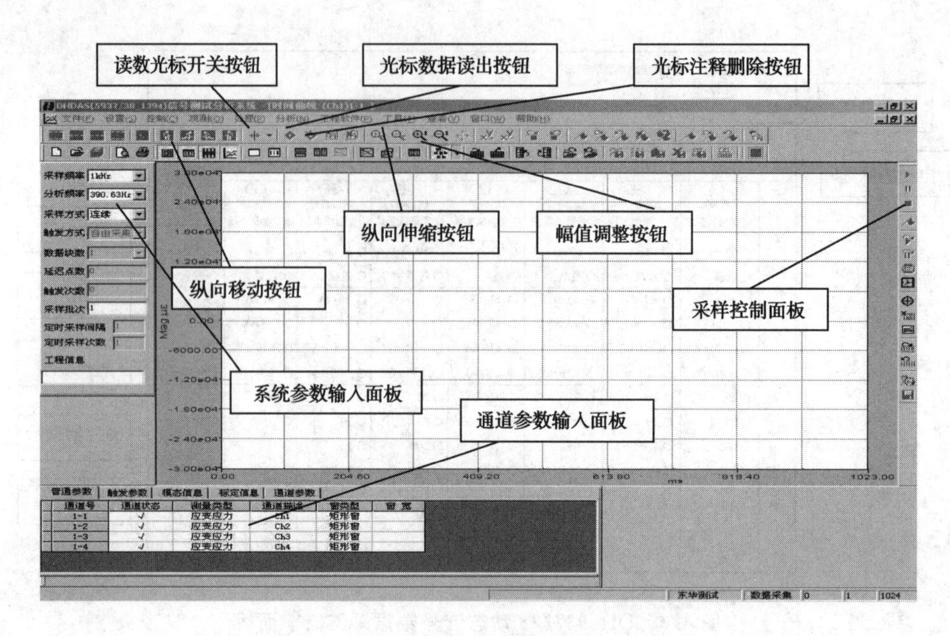

图 4.8 数据采集器模块参数设置界面

采样面板参数设置:

a. 采样频率设为 5 000 Hz。

b. 采样方式:示波。

c. 采样批次:1。

普通参数设置:

a. 根据传感器及应变片连接的通道进行设置。

b. 通道 1—1 设为“应力应变”,通道 1—2 设为“压电传感器”。

c. 窗函数选“矩形窗”。

通道参数设置:

a. 在“应变应力”中设置应变测试通道参数,“桥路类型”设为“方式 4”;“应变片电阻”设为“120 Ω”;“灵敏系数”设置值与应变片标称灵敏系数相同;“量程”设为 3 000 $\mu\varepsilon$,如通道过载,可将量程设置大一些;“上限频率”设为“100 Hz”。

b. 在“压电传感器”中设置“灵敏系数”,设定值与加速度传感器的灵敏系数相同;“量程”设置为“500 pC”;“上限频率”设为“100 Hz”。

c. 图形显示坐标设置:点击鼠标右键用“图形属性”将两个测试通道的“坐标”设置为“默认”,“*X* 轴读数”和“*Y* 轴读数”均设置为 2 位小数。

d. 将功率放大器输出电流旋钮给出“接近 1/3 格电流”。

信号试采集:

a. 在“采样控制”功能栏中先后进行“平衡”和“清除零点”操作。

b. 在“窗口”功能栏中用“新建窗口”建立观测窗口。本实验需要打开两个观测窗口,两个观测窗口编号分别与连接传感器的仪器通道号相同,可以点鼠标右键用“信号选择”进行显示通道修改,在“窗口”功能栏中用“水平平铺”将两个窗口平铺在屏幕上。

c. 对简支梁施加一正弦激励，使其产生强迫振动，接着在“控制”功能栏中“启动采样”，观察各通道信号是否正常，信号采集完毕后点击“停止采样”结束测试。不能进行“暂停采样”操作，在以后的操作中也要注意这一点。信号观察过程中，可以利用图 4.8 所示的“幅值调整按钮”调整信号显示幅度。

动应变和振动加速度测试：

a. 严格控制功率放大器的输出电流，不能太大，否则因梁的振幅过大，将损坏激振器。

b. 进行“平衡”和“清除零点”，“启动采样”操作，输入存盘文件名，将文件名和测试数据一并加以记录。

c. 保持激振力的幅值不变，缓慢调整激振信号源的频率控制旋钮，使激振频率由低到高逐渐增加，当激振频率等于系统的第一阶固有频率时，系统产生共振。此时，梁的振幅急剧增大，振幅达到最大值，待简支梁振动稳定后，记录足够有效信号后，点击“停止采样”结束信号采集。

5) 实验结果处理

(1) 计算实测最大动应力

因动态信号测试分析系统能直接测量应变电桥的输出电压并能按公式自动换算成实测应变，故不需要标定。可以用计算机光标测量共振波形上任一点的动应变值。强迫振动下的结构只要应力不超过比例极限，应力与应变的关系仍然服从虎克定律。这样，只要测出梁上、下表面的动应变，便可求出相应的动应力为

$$\sigma_{\mathrm{d}} = \frac{1}{2}E\varepsilon_{\mathrm{d}} \tag{4.12}$$

(2) 计算实测简支梁固有频率

用计算机记录梁的共振波形后，用光标测量 n 个波形的总时间 T_n，然后除以 n 得到平均周期 $T_{平均}$，再计算频率。

①计算周期：

$$T_{平均} = \frac{T_n}{n} \tag{4.13}$$

②计算频率：

$$f = \frac{1}{T_{平均}} \tag{4.14}$$

思考题

1. 用锤击方法使梁产生振动时，将记录到一段衰减的波形曲线，其最大动应力计算和频率计算是否与受迫振动相同？

2. 信号发生器的频率调节为何必须缓慢？太快能否引起梁的共振？

4.4 简支梁各阶固有频率及其主振型的测定

1)实验目的

①掌握用共振法测定简支梁各阶固有频率及其主振型的方法。
②将实验所测得的各阶固有频率、振型与理论值比较。
③了解连续弹性体简支梁振动的规律和特点。

2)实验设备

①振动实验台、信号发生器、功率放大器、激振器、加速度传感器。
②DH5937/38 动态信号采集分析系统。

3)实验原理

具有纵向对称面的均质、等截面梁(如图 4.9 所示)的横向弯曲自由振动微分方程为

$$EI\,\frac{\partial^4 y}{\partial x^4}+\rho A\,\frac{\partial^2 y}{\partial t^2}=0 \tag{4.15}$$

式中 E——梁材料的弹性模量;
I——梁截面惯性矩;
A——梁横截面面积;
ρ——梁材料的体积密度。

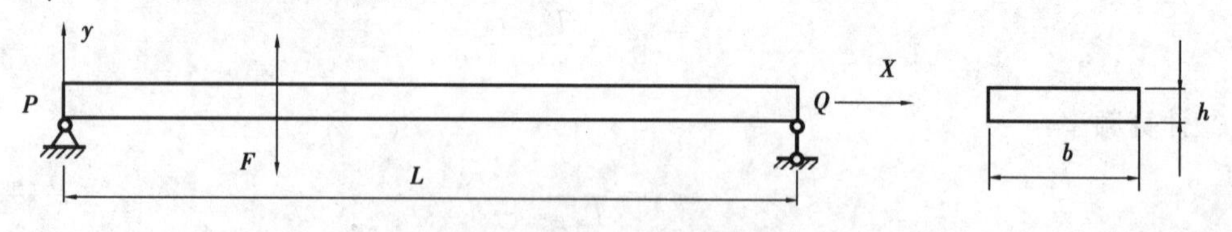

图 4.9 简支梁振动模型

应用分离变量法

$$y=X(x)T(t) \tag{4.16}$$

根据梁体两端简支的边界条件,通过分析可以求得均质、等截面简支梁的频率方程

$$\sin(\beta L)=0 \tag{4.17}$$

式中 L——简支梁的长度(计算跨径)。

则

$$\beta_i = i\pi/L \qquad (i = 1,2,\cdots) \tag{4.18}$$

梁各阶固有圆频率为

$$\omega_{ni} = \beta_i^2 \sqrt{\frac{EI}{\rho A}} = \frac{i^2\pi^2}{L^2}\sqrt{\frac{EI}{\rho A}} \tag{4.19}$$

对应 i 阶固有频率的主振型函数为

$$X_i(x) = \sin\left(\frac{i\pi}{L}x\right) \qquad (i = 1,2,\cdots) \tag{4.20}$$

各阶固有频率之比

$$f_1 : f_2 : f_3 : f_4 : \cdots = 1^2 : 2^2 : 3^2 : 4^2 : \cdots \tag{4.21}$$

表 4.1 给出了 $i=1\sim4$ 阶固有圆频率及其相应主振型函数。所谓主振型就是振动体上各点在同一时刻的振动位移之比(或振幅比,并计相位差)。除了梁两个端点边界位移始终为零外,对于主振型,梁跨中在振动过程位移始终为零的点被称为振型节点。振型节点个数等于对应阶数减去 1,即二阶主振型节点个数等于 1,三阶主振型节点个数等于 2,其余类推。

表 4.1　固有圆频率及主振型函数

i	固有圆频率 ω_{ni}	主振型函数 $X_i(x)$
1	$\omega_{n1} = \frac{\pi^2}{L^2}\sqrt{\frac{EI}{\rho A}}$	
2	$\omega_{n2} = 4\omega_{n1}$	0.5L
3	$\omega_{n3} = 9\omega_{n1}$	L/3　L/3
4	$\omega_{n4} = 16\omega_{n1}$	L/4　L/2　L/4

本实验是以矩形截面简支梁为测试对象。从理论上说,这属于无限多自由度系统问题,它有无限个固有频率及其主振型,其振动一般是无穷多个主振型的叠加。如果给梁体施加一个大小合适的激振力,其频率正好等于梁体的某阶固有频率,则梁体便会产生共振,梁体对应于该阶固有频率所具有的确定的振动形态叫做该阶主振型,这时其他各阶振型的影响很小可忽略不计。用共振法确定梁的各阶固有频率及振型,就是利用激振力频率等于梁体某阶固有频率时梁体产生共振这一特征,测定共振状态下梁体上不同位置测点的振动响应幅值,即可确定对应阶主振型,从而找到梁的各阶固有频率。实际工程中,通常关注的是最低的几阶固有频率及其主振型。本实验主要运用共振法测定简支梁 1,2,3 阶固有频率及其相应的主振型。

对于矩形截面梁,其截面惯性矩

$$I = \frac{bh^3}{12} \tag{4.22}$$

式中　b——梁横截面宽度；

h——梁横截面高度。

4)实验步骤

①对简支梁沿长度方向进行等距离划分，确定测点并做好标记。

②选定一测点做为参考点，将一加速度传感器 1 固定放置在该测点，专门测量参考点的加速度幅值。传感器 2 用于测量其余各测点的加速度幅值。两个传感器的信号导线分别与 DH5938 测振仪两个输入信号通道相接(如图 4.10 所示)。

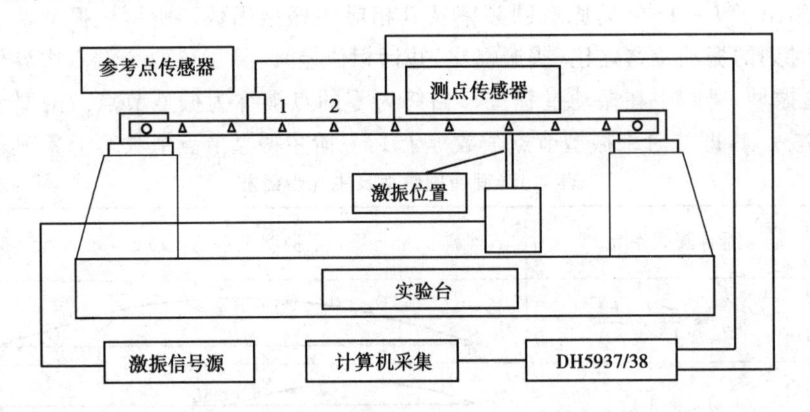

图 4.10　仪器设备的连接框图

③按照实验仪器和设备装配框图(如图 4.10 所示)安装好电动式激振器，激振信号源输出端与电动式激振器相接。开启激振信号源的电源开关，对系统施加交变正弦激振力，使系统产生振动，调整激振信号源的输出调节开关便可改变振幅大小，振幅量值不宜过大。

④相位变化可由计算机示波图所显示的曲线来进行判断。应用李萨如图形法判断测点与参考测点是否有同相或反相分量。若各测点的振动位移幅值对于参考点均为同相分量，示波器中出现的李萨如图是一直线或一椭圆，并且直线或椭圆长轴方向始终在某一象限内，则为一阶振型(见表 4.1)。若直线或椭圆长轴方向转到另一象限，则说明有了反相分量，在同相分量点与反相分量点间必有一振幅值接近零的节点即振型节点，根据所得振型节点个数即可知其为哪阶振型。

⑤调整激振信号源的频率控制旋钮，使激振频率由低到高逐渐增加，当激振频率等于系统的第一阶固有频率时，系统产生共振，测点振幅急剧增大，这时将各测点振幅记录下来，根据各测点振幅便可绘出第一阶振型图，激振信号源显示的频率就是系统的第一阶固有频率。同理，可得到 2，3 阶固有频率和第 2，3 阶振型。

⑥实验完毕后，关掉电源开关，拆除导线、仪器和设备，使仪器和设备恢复实验前的状态。

⑦注意事项：调整信号源的输出调节开关时，注意不要过载。电流量一般控制在 150 mA 左右。

5)理论分析及实验结果记录与处理

①理论计算分析。本试验可取 $E = 200$ GPa，$\rho = 7.8 \times 10^3$ kg/m^3。用直尺测量简支梁的梁长 L、梁宽 b、梁高 h。计算所给简支梁 1,2,3 阶固有频率和相应的振型，并且将理论计算结果填入表 4.2。

②将实测固有频率、各测点的振幅实测值等结果填入表 4.2 及表 4.3。

③绘出观察到的简支梁振型曲线。

表 4.2 各阶固有频率的理论计算值与实测值

梁几何尺寸	梁长 $L=$	梁宽 $b=$	梁高 $h=$
固有频率	f_1	f_2	f_3
理论值			
实测值			

表 4.3 各测点的振幅实测值

振型＼测点	1	2	3	4	5	6	7	8	9	10
1 阶振型										
2 阶振型										
3 阶振型										

注：简支梁的支点处振幅为零。

思考题

将理论计算的各阶固有频率、理论振型与实测固有频率、实测振型相比较，它们是否一致？产生误差的原因在哪里？

附　录

附录Ⅰ　有效数后第一位数的修约规则及力学性能测试结果的修约规定

计算面积、截面系数、应力、应变等几何量或物理量时，一般根据精度要求确定有效数位数，有效数后的第一位数的进舍按《数值修约规则与极限数值的表示和判定》(GB/T 8170—2008)处理。力学性能实验结果报告中，应在数值修约后，再按实验标准的要求(见表 2.1)修约为整数单位或非整数单位。

1)数值修约规则——四舍六入五考虑规则

有效数末位以后的第一位数为 4(含 4 999…)或 4 以下的数时，舍去(即拟保留的末位数不变)；为 6 或 6 以上的数时，进 1(即拟保留的末位数字加 1)。如有效数以后的第一位数为 5，且 5 以后的数并非皆为零则进 1；5 以后的数皆为零且有效数的末位为偶数(含 0 数)，舍去；若 5 以后的数皆为零，但有效数的末位为奇数，则进 1。

例如，把下列的数修约为保留四位有效数：

修约前：78.545 01　37.035 00　5.246 499　314.850 0　0.827 66

修约后：78.55　37.04　5.246　314.8　0.828

2)力学性能指标整数修约

例如，把下列材料强度实验结果(单位：MPa)按表 2.1 规定修约：

修约前:186.500　242.496　377.500　422.501　1 044.86
修约后:186　240　380　425　1 040

3)力学性能非整数修约

断后伸长率、断面收缩率按表 2.1 规定,修约间隔为 0.5%。
例如,将下列测定值按性能修约规定处理。
修约前:67.75%　32.24%　36.66%
修约后:68.0%　32.0%　36.5%

4)所拟舍去的数多于两位数以上时,不得连续进行多次修约

例如,把 35.454 7 修约为整数。正确结果为 35,连续多次修约结果为 36(不正确)。

附录Ⅱ　实验数据的线性拟合

由实验采集的两个量之间有时存在明显的线性关系,例如在低碳钢拉伸实验的弹性阶段,拉力与伸长量就存在线性关系。在处理这样一组实验数据时,两个量的每一对对应值都可确定一个数据点,例如每一拉力 F 与它对应的伸长 ΔL 确定一个数据点。当然可以参照此数据点直接描出所需要的直线,但由于数据点的分散性,同等实验条件下重复几次的实验数据就可能得出略微不同的直线,何者最佳就难以判定。合理的方法是把这一组实验数据拟合成直线。

设 x 和 y 分别代表由实验采集的两个量,且两者的最佳直线关系为

$$y = mx + b \tag{Ⅱ.1}$$

式中,x 为自变量,y 为因变量,b 为直线在纵轴上的截距,如图Ⅱ.1 所示。$m = \tan\alpha$ 为直线的斜率。一般以拉力、弯矩、扭矩等作为自变量 x,而把相应的伸长、应变、转角等作为因变量 y。若在采集实验数据中,与 x_i 对应的为 y_i;而在最佳直线上,与 x_i 对应的纵坐标则应为 $(mx_i + b)$。两者之间的偏差为

$$\delta_i = y_i - (mx_i + b) = y_i - mx_i - b \tag{Ⅱ.2}$$

根据最小二乘法原理,当由式(Ⅱ.2)表示的偏差的平方总和为最小值时,则式(Ⅱ.1)表示的直线为最佳直线。这是因为偏差 δ_i 的平方均为正值,其总和为最小,就意味着式(Ⅱ.1)是最靠近这些实验观测点的最佳直线。由式(Ⅱ.2)得偏差 δ_i 的平方总和为

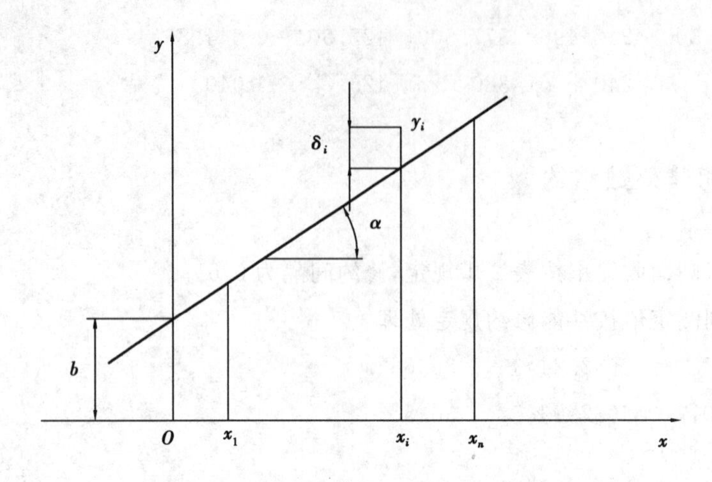

图Ⅱ.1

$$Q=\sum\delta_i^2=\sum(y_i-mx_i-b)^2\qquad(i=1,2,3,\cdots,n)\tag{Ⅱ.3}$$

Q 为最小值要求

$$\frac{\partial Q}{\partial m}=0\qquad\frac{\partial Q}{\partial b}=0$$

于是由式(Ⅱ.3)得

$$\frac{\partial Q}{\partial m}=-2\sum(y_i-mx_i-b)x_i=0$$

$$\frac{\partial Q}{\partial b}=-2\sum(y_i-mx_i-b)=0$$

由此得

$$\sum x_iy_i-m\sum x_i^2-b\sum x_i=0\tag{Ⅱ.4}$$

$$\sum y_i-m\sum x_i-nb=0\tag{Ⅱ.5}$$

从以上两式解出

$$m=\frac{\sum x_i\sum y_i-n\sum x_iy_i}{(\sum x_i)^2-n\sum x_i^2}\tag{Ⅱ.6}$$

$$b=\frac{\sum x_iy_i\sum x_i-\sum x_i^2\sum y_i}{(\sum x_i)^2-n\sum x_i^2}\tag{Ⅱ.7}$$

这就确定了直线方程(Ⅱ.1)中的斜率 m 和截距 b ,亦完全确定了拟合直线。

按照以上论述,由任何一组实验数据 x_i 和 y_i ,都可以拟合出一条直线,但一组实验数据 x_i 和 y_i 之间的关系可能非常接近一条直线,即它们确实是线性相关的,也可能与线性相差很远。将一组实验数据拟合成直线,并不能说明它们与“线性相关”的接近程度。为此,引进相关系数 γ 的定义如下:

$$\gamma=\frac{\sum x_i y_i-\frac{1}{n}\sum x_i\sum y_i}{\sqrt{\left(\sum x_i^2-\frac{1}{n}\left(\sum x_i\right)^2\right)\left(\sum y_i^2-\frac{1}{n}\left(\sum y_i\right)^2\right)}} \tag{Ⅱ.8}$$

一般情况下，$|\gamma|\leqslant 1$。γ 越接近 1，x_i 和 y_i 的关系越接近直线；γ 越与 0 靠近，x_i 与 y_i 的线性关系越不明显；$\gamma=0$，x_i 和 y_i 不存在线性关系。可见相关系数 γ 表明实验数据与“线性相关”的接近程度。

参考文献

[1] 金康宁,等.材料力学[M].北京:北京大学出版社,2006.
[2] 朱铉庆,等.材料力学实验[M].武汉:武汉大学出版社,2006.
[3] 刘宏文,吕荣坤.材料力学实验[M].北京:高等教育出版社,2006.
[4] 王杏根,等.工程力学实验[M].武汉:华中科技大学出版社,2008.
[5] 同济大学力学实验中心.材料力学实验[M].上海:同济大学出版社,2008.